基于可逆银电沉积的变红外发射率器件

李铭洋　程海峰　刘东青　◆　著

国防科技大学出版社
·长沙·

图书在版编目（CIP）数据

基于可逆银电沉积的变红外发射率器件 / 李铭洋，程海峰，刘东青著. -- 长沙：国防科技大学出版社，2024.11. -- ISBN 978-7-5673-0647-9

Ⅰ.TN214

中国国家版本馆 CIP 数据核字第 2024GF8063 号

基于可逆银电沉积的变红外发射率器件
JIYU KENI YIN DIANCHENJI DE BIANHONGWAI FASHELÜ QIJIAN

李铭洋　程海峰　刘东青　著

责任编辑：胡诗倩
责任校对：廖生慧

出版发行：国防科技大学出版社	地　　址：长沙市开福区德雅路 109 号
邮政编码：410073	电　　话：(0731) 87028022
印　　制：国防科技大学印刷厂	开　　本：710×1000　1/16
印　　张：10	插　　页：20
字　　数：211 千字	
版　　次：2024 年 11 月第 1 版	印　　次：2024 年 11 月第 1 次
书　　号：ISBN 978-7-5673-0647-9	
定　　价：78.00 元	

版权所有　侵权必究

告读者：如发现本书有印装质量问题，请与出版社联系。

网址：https://www.nudt.edu.cn/press/

前言

随着光电科学技术迅猛发展，当前侦察手段可实现对目标的精准捕捉与攻击。红外成像技术由于隐蔽性好、夜视距离远、不受太阳光影响，被广泛应用于军事领域，对军事装备与人员产生较大威胁。因此，对各类军事目标的红外辐射特征进行动态控制成为伪装技术发展必然趋势。为实现动态红外伪装，需对目标物体所发射出的热辐射进行精确控制以匹配其所在的背景环境。本书从可逆金属电沉积技术出发，采用纳米金属薄膜和石墨烯作为电极，分别研究了两种电极材料在可逆银（Ag）电沉积器件中的动态红外特性，制备出了两类红外发射率可大幅调控的器件，并对性能更好的基于纳米金属薄膜的器件进行了多功能化探索。主要内容分为以下三个部分：

（1）采用纳米铂（Pt）薄膜作为电极，通过可逆 Ag 电沉积将具有红外吸收和透射的纳米 Pt 薄膜转变为红外反射，实现了器件在红外大气窗口波段（3~5 μm 和 7.5~13 μm）发射率的大幅调控。首先，采用电子束蒸发工艺，在氟化钡（BaF_2）基底上制备出了不同厚度的纳米 Pt 薄膜，并通过对不同厚度 Pt 薄膜的导电性、光学特性等进行分析，初步验证了该类电极材料在可逆 Ag 电沉积体系中的红外调控潜力。其次，将 Pt/BaF$_2$ 基底作为顶电极组装成器件，并采用红外相机、红外光谱仪等手段研究了 Pt 厚度和沉积电压对器件动态红外性能的影响。实验结果表明，该型器件在红外大气窗口波段具有发射率调控幅度大、变化均匀、双窗口波段调控一致等优点。最后，通过循环测试和辐射降温实验，初步探究了该型器件的循环极限，以及选择性辐射降温特性。

（2）采用逐层堆叠的湿法转移法，将多层石墨烯膜完整有效地转移至二氧化硅/硅（SiO$_2$/Si）、BaF$_2$、聚丙烯（PP）等基底，制备出了基于石墨烯的变红外发射率器件。首先，在 SiO$_2$/Si 基底上验证了石墨烯转移工艺的有效性和金属沉积的可行性，并研究了沉积金属对 SiO$_2$/Si 基底红外反射率的影响。其次，研究了石墨烯在 BaF$_2$ 和 PP 红外透明基底上的转移工艺，探究了不同表面处理方式和石墨烯层数对基底红外透明性和导电性的影响。最后，采用红外相机研究了基于石墨烯器件的动态红外性能，初步验证了石墨烯在该体系下的动态红外调控潜力。

（3）通过对比两种电极材料的动态红外特性，选择了性能更为优异的纳米 Pt 薄膜作为电极开展器件多功能化的探索。①通过掩模版对纳米 Pt 薄膜进行图案化，制备出了具有 3×3 阵列显示能力的器件，展现了器件多像素化的潜力。②通过对纳米 Pt 薄膜添加导电网格，提高了沉积电压分布均匀性，制备出了有效面积放大的器件。③通过将基底替换成粗糙 BaF$_2$ 基底或柔性 PP 膜，分别制备出了基于漫反射调控和具有柔性的变红外发射率器件。④通过添加三氧化二铬（Cr$_2$O$_3$）光学干涉层，制备出了在可见光波段具有一定调控能力的变红外发射率器件。

目 录 Contents

第1章 绪论 ……………………………………………………………（ 1 ）

1.1 动态红外伪装技术 …………………………………………（ 2 ）
   1.1.1 动态红外伪装基本理论 …………………………………（ 3 ）
   1.1.2 调控表面温度的动态红外伪装技术 ……………………（ 4 ）
   1.1.3 调控表面发射率的动态红外伪装技术 …………………（ 6 ）

1.2 金属材料的光学特性 ………………………………………（ 10 ）
   1.2.1 宏观金属的光学特性 ……………………………………（ 11 ）
   1.2.2 纳米金属的光学特性 ……………………………………（ 12 ）
   1.2.3 金属与光学介电层相结合时的光学特性 ………………（ 12 ）
   1.2.4 金属处于不同表面形貌时的光学特性 …………………（ 13 ）

1.3 可逆金属电沉积器件及电极材料 …………………………（ 15 ）
   1.3.1 可逆金属电沉积器件 ……………………………………（ 15 ）
   1.3.2 电极材料 …………………………………………………（ 17 ）

1.4 研究目标和研究内容 ………………………………………（ 22 ）
   1.4.1 研究目标 …………………………………………………（ 23 ）
   1.4.2 研究内容 …………………………………………………（ 23 ）

第2章 实验方法与原理 ……………………………………（25）

2.1 主要材料与仪器设备 ……………………………………（25）
2.1.1 实验所用材料与试剂 ………………………………（25）
2.1.2 主要仪器设备 ………………………………………（27）

2.2 实验过程 …………………………………………………（28）
2.2.1 基于纳米Pt薄膜的可逆Ag电沉积器件制备 ………（28）
2.2.2 基于石墨烯电极的可逆Ag电沉积器件制备 ………（32）

2.3 表征分析与性能测试 ……………………………………（33）
2.3.1 微观结构与成分分析 …………………………………（33）
2.3.2 光谱测量与图像拍摄 …………………………………（35）
2.3.3 薄膜方阻测量 …………………………………………（37）
2.3.4 器件辐射降温性能对比 ………………………………（38）
2.3.5 计算 ……………………………………………………（38）

第3章 基于纳米Pt薄膜的可逆Ag电沉积器件 ………（41）

3.1 纳米Pt薄膜 ………………………………………………（41）
3.1.1 导电性 …………………………………………………（41）
3.1.2 光学特性 ………………………………………………（43）
3.1.3 形貌特性 ………………………………………………（45）
3.1.4 基底粗糙度 ……………………………………………（46）
3.1.5 纳米Pt薄膜与宏观Pt的自由电子平均散射时间比
………………………………………………………………（46）
3.1.6 BaF_2基底的减反作用 ………………………………（48）
3.1.7 Pt/BaF_2基底的最大发射率调控范围 ……………（50）
3.1.8 动态光学特性 …………………………………………（51）

目录

3.1.9 沉积均匀性	(52)
3.1.10 元素成分	(55)
3.1.11 循环性能	(57)
3.1.12 组装器件后的红外光谱变化	(58)

3.2 器件的动态红外特性 (60)

3.2.1 器件的结构	(60)
3.2.2 LWIR 相机下的动态红外特性	(61)
3.2.3 MWIR 相机下的动态红外特性	(73)
3.2.4 器件的实时红外光谱曲线	(75)
3.2.5 器件的发射率调控范围	(77)

3.3 器件的循环和辐射降温性能 (77)

3.3.1 循环性能	(77)
3.3.2 辐射降温性能	(80)

3.4 本章小结 (82)

第4章 基于石墨烯的可逆 Ag 电沉积器件 (84)

4.1 石墨烯电极在可逆 Ag 电沉积系统中的红外调控潜力 (84)

4.1.1 SiO_2/Si 基底上石墨烯电学特性	(84)
4.1.2 SiO_2/Si 基底上石墨烯分子结构	(85)
4.1.3 SiO_2/Si 基底上石墨烯微观形貌	(86)
4.1.4 四层石墨烯电极上电沉积 Ag 后的形貌演变	(87)
4.1.5 四层石墨烯电极上电沉积 Ag 后的红外光谱变化	(88)

4.2 石墨烯/红外透明基底的制备与红外光谱性能 (90)

4.2.1 PP 膜和 BaF_2 基底的表面改性	(90)
4.2.2 G/OPP 膜的红外和电学特性	(92)
4.2.3 G/ZnO/BaF_2 基底的红外和电学特性	(95)

4.3 器件的动态红外特性 ……………………………………（96）
4.3.1 基于 G/OPP 膜的器件 …………………………（96）
4.3.2 基于 G/ZnO/BaF$_2$ 基底的器件………………（98）
4.4 本章小结 ………………………………………………（101）

第5章 器件的多功能化 ………………………………（103）
5.1 多像素化和有效面积放大 …………………………（103）
5.1.1 多像素化 …………………………………………（103）
5.1.2 有效面积放大 ……………………………………（105）
5.2 多基底兼容性 ………………………………………（107）
5.2.1 基于粗糙 BaF$_2$ 基底的器件 …………………（107）
5.2.2 Pt/粗糙 BaF$_2$ 基底光谱特征 …………………（108）
5.2.3 Pt/粗糙 BaF$_2$ 基底导电性 ……………………（110）
5.2.4 Pt/粗糙 BaF$_2$ 基底表面粗糙度 ………………（111）
5.2.5 基于 Pt/粗糙 BaF$_2$ 基底的器件 ………………（112）
5.2.6 基于柔性 PP 膜的器件 …………………………（117）
5.2.7 Pt/柔性 PP 膜光谱特性 …………………………（117）
5.2.8 Pt/柔性 PP 膜导电性 ……………………………（119）
5.2.9 基于 Pt/柔性 PP 膜的器件 ………………………（120）
5.3 可见光兼容性 ………………………………………（123）
5.3.1 Cr$_2$O$_3$ 层光谱特性 …………………………（124）
5.3.2 器件在可见光波段特性 …………………………（126）
5.3.3 Cr$_2$O$_3$ 层对 BaF$_2$ 光谱性能影响 ………（128）
5.3.4 器件的动态红外特性 ……………………………（129）
5.4 本章小结 ………………………………………………（132）

第6章 结论与展望 ……………………………………（133）

6.1 主要结论 …………………………………………（133）
6.2 后续展望 …………………………………………（135）

参考文献 ……………………………………………………（137）

第 1 章
绪 论

随着光电科学技术快速发展,军事人员和武器装备受到来自可见光、红外、雷达和激光等多波段探测和侦察威胁不断增加。如何通过先进伪装技术有效降低各类军事目标被探测概率,提高其生存能力,成为各方关注要点。

现代战争作战地域广阔、地形多样且气候差异显著,要求伪装隐身器材具备较强环境适应力,可随地域、季节和时间变化实现光电特性可调,帮助军事人员和装备更好实现多场景下与背景相融的目标。目前来看,传统伪装技术以静态伪装为主,环境适应力较弱,已难以满足现代战争需要。当军事人员和装备周边环境发生明显变化时,静态伪装材料与新的背景环境颜色、光谱特征、红外信号及雷达反射率等难以进行有效匹配,伪装效果大幅减弱或丧失。如图 1.1 所示,环境发生变化后,由于伪装材料和背景光谱特征无法有效匹配,伪装目标将丧失原有伪装效果,被发现概率增加。

(a) 林地　　　(b) 荒漠　　　(c) 夜间　　　(d) 雪地

图 1.1　军事人员和装备在不同地域、季节和时间作战的图片

基于可逆银电沉积的变红外发射率器件
Variable Infrared Emittance Devices Based on Reversible Silver Electrodeposition

红外成像技术具有隐蔽性好、夜视距离远、不受太阳光影响、适用性广等优点，对伪装隐身器材环境适应力提出更高要求。红外伪装的实现主要是通过在两个红外大气窗口波段（3~5 μm 和 7.5~13 μm），消除、减弱、改变或模拟目标与背景间的辐射特性差异（图 1.2）。最常见的静态红外伪装方式即在需伪装目标表面覆盖红外伪装涂层（在红外波段具有较低发射率）或隔热材料。但此类红外伪装环境适应力较差，当时间、环境和季节发生明显变化时，伪装器材红外特征信号不再与背景环境相符，目标被侦察概率将大大增加。

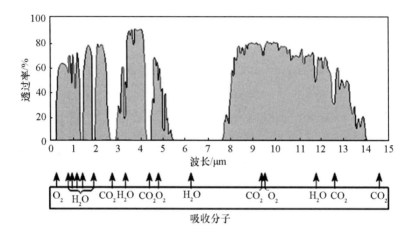

图 1.2 大气红外透射光谱图

基于现代战争伪装特别是红外伪装的需要，对多环境适用的伪装技术展开研究成为军事高技术领域的重要方向。其中，动态红外伪装技术由于可主动根据背景环境红外辐射特性变化进行相应调整而受到特别关注。

1.1 动态红外伪装技术

根据黑体辐射理论，自然界中任何物体无时无刻不在向外辐射能量，其辐射能量大小随温度升高而逐渐增大。因而，红外相机可根据目标和背景辐射温度的差异，实现对目标的探测与识别，以获得目标相关信息。

对于红外辐射来说，其辐射波长范围很广，大致从 0.78 μm 到 1 000 μm 不等，其中大部分波段范围内的能量可以被大气吸收，不被红外探测设备捕获。但对于大气透射窗口波段（3~5 μm 和 7.5~13 μm）来说，目标的辐射能量在这些波段内几乎不被大气内的气体分子吸收，因而在这些波段很容易被红外探测器探测到，从而使目标暴露。考虑到各类军事目标在服役过程中存在发动机等高温热源部位，气动加热现象促使其红外辐射的能量不断向外界扩散。能否在上述特定波段实现良好红外伪装是其能否充分发挥并保存战斗力的关键要素之一[1-2]。

红外伪装的目的是消除或减小目标与背景之间在这两个大气窗口中的辐射特性差异[3]。红外伪装方式主要包括伪装遮障和伪装材料的使用。伪装遮障采用天然地物或人工遮障以屏蔽目标红外辐射。其中，伪装网因成本低廉、操作简便以及效果优良等优点，成为重要军事伪装途径。但此类传统伪装技术以固定低发射率的静态伪装材料为主，具有较大局限性。一旦环境发生变化，例如气温、太阳辐射强度或周围环境发生变化，伪装目标随即失去原有伪装效果。因此，对于红外伪装技术而言，研制能主动控制热辐射强度的伪装技术是十分重要的研究方向，也是未来智能伪装技术发展的必然趋势。

1.1.1 动态红外伪装基本理论

根据斯特藩-玻尔兹曼定律（Stefan-Boltzmann law），红外辐射出射度 M 可表示为：

$$M = \varepsilon \sigma T^4 \tag{1.1}$$

式中：ε 为目标表面发射率；σ 为斯特藩-玻尔兹曼常数；T 为目标表面温度。根据公式，红外辐射出射度 M 与目标的表面发射率 ε 及温度 T 有关。因此，可通过两种技术途径实现动态红外伪装：一是控制目标表面温度，以缩小目标与背景环境的温差；二是调控物体表面发射率，以缩小目标与背景环境的辐射强度差值[4-6]。这两种途径均可实现对目标表面红外辐射出射度的控制，从而降低目标被红外探测设备发现的概率。基于此，动态红外伪装技术可分为基于表面温度调控和基于表面发射率调控的两种技术。

基于可逆银电沉积的变红外发射率器件
Variable Infrared Emittance Devices Based on Reversible Silver Electrodeposition

1.1.2 调控表面温度的动态红外伪装技术

根据斯特藩-玻尔兹曼定律，物体红外辐射出射度 M 与物体表面温度 T 呈现正向四次方关系。如果对伪装目标表面温度进行实时调控，则能有效缩小目标与背景环境之间的辐射差距。

基于调控表面温度的动态伪装技术主要有两种。一是利用帕尔帖效应制成的热电片系统。该技术通过对热电片施加电压以控制热电片单元的升温与降温，从而对伪装目标表面温度进行实时控制。二是采用微流控系统。该技术通过将不同温度的液体输送至伪装目标表面，并通过液体的加热冷却效应对伪装目标表面温度进行实时控制。

1.1.2.1 基于热电片的动态红外伪装器件

2011年，英国BAE System公司发布"ADAPTIV"动态红外伪装系统，并将其比作"热电视屏幕"。该伪装系统运行时，需覆盖于装甲车侧面，基于帕尔帖效应的六角形热电片模块将根据车载红外相机不间断收集周边环境（如森林）的红外特征，迅速完成加热或冷却，以匹配背景环境的温度特征。除即时模仿外，该系统支持直接显示卡车、汽车和大石头等自身系统所存储物体的红外特征。如图1.3所示，"ADAPTIV"动态红外伪装系统可在车辆行驶中采集环境信息并显示特定红外图像。据报道，此项技术可将红外探测距离降低至500 m范围以内[7]。

1.1.2.2 基于微流控系统的动态红外伪装器件

2012年，美国哈佛大学Morin等[8]受章鱼等自然界生物伪装现象启发，设计出一种基于微流控系统，具备动态伪装能力的软体机器人。该软体机器人主体由柔软且具有弹性的橡胶构成，外置气泵可带动其四肢进行运动。一套可通入液体的微流控系统的引入，使之具备躲避红外摄像机探测的伪装能力。不同颜色、温度的染料被泵入管道，该软体机器人的颜色、温度随之改变，拥有一定的动态红外伪装能力。如图1.4所示，该软体机器人既能变色又能与周围环境的红外特征融为一体，展现出良好的动态伪装能力。

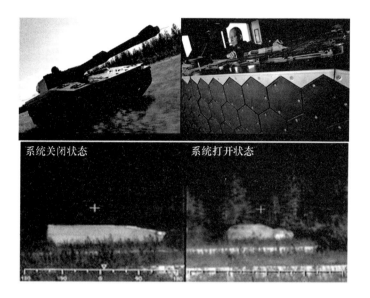

图1.3 基于热电片的"ADAPTIV"动态红外伪装系统[7]

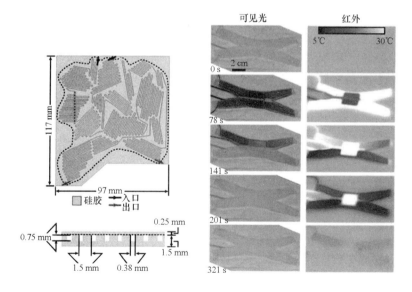

图1.4 基于微流控系统的动态红外伪装软体机器人[8]

基于可逆银电沉积的变红外发射率器件
Variable Infrared Emittance Devices Based on Reversible Silver Electrodeposition

1.1.3 调控表面发射率的动态红外伪装技术

根据斯特藩-玻尔兹曼定律,红外辐射出射度 M 与物体表面发射率 ε 呈正比。因而,即使不降低物体表面温度,通过改变物体表面发射率仍可减少物体红外辐射强度。基于此,寻找并设计发射率可调材料或器件同样是实现动态红外伪装的有效途径。根据不同机制,调控表面发射率的动态红外伪装技术主要分为热致相变材料、红外电致变发射率器件、仿头足动物的动态伪装系统和基于石墨烯的动态红外调控器件等类型。

1.1.3.1 热致相变材料

热致相变材料是通过温度驱使其发生可逆相变,从而实现对材料本身红外发射率的动态调控。其中最具代表性的材料为二氧化钒(VO_2)和锗锡锑(GST)等热致相变材料[9-19]。VO_2 为典型热致相变材料,在68℃时会发生由单斜结构 VO_2(M)转向四方金红石结构 VO_2(T)的一级可逆相变,且 VO_2 的相变温度可通过元素掺杂来调节。在红外波段范围,相变前后 VO_2 的红外光学性质会随其本身导电性的突变而发生大幅度变化。相变前,VO_2 处于绝缘态,红外发射率较高;相变后,VO_2 处于金属态,红外发射率较低。这一特性使得 VO_2 等热致相变材料有望作为发射率可变材料应用于现有伪装涂料或新型动态伪装系统中。

从实际操作来看,美国哈佛大学 Kats 等[9]已开发出基于 VO_2 薄膜的主动伪装材料。该样品由蓝宝石基底上沉积的 150 nm 的 VO_2 薄膜组成。加热后,该样品初期表观温度变化与普通材料相比无明显差异。加热至 70℃时,VO_2 涂层在红外相机下呈现红色和黄色。温度达到 74℃时,呈现深红色。随着温度进一步上升,该薄膜表观温度却开始下降。当温度达到 80℃时,薄膜在红外相机中呈现蓝色,与其在 60℃时所呈现颜色相近,而该薄膜此时实际温度为 85℃(图 1.5)。此外,研究人员发现,这种变温效果可逆,在多次升降温后仍然有效。

国防科技大学 Ji 等[10]通过水热反应等方式制备出多种 VO_2 纳米颗粒,并探索了 VO_2 纳米颗粒在动态红外伪装中的应用前景[20]。该研究基于 VO_2 纳米颗粒的粉末样在升温前后具有明显发射率变化,证实 VO_2 纳米颗粒具有热致

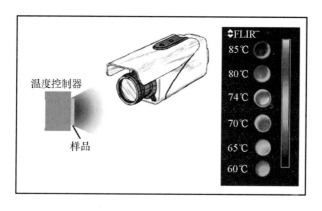

图 1.5 基于 VO$_2$ 的热致相变发射率器件[9]

相变特性。研究发现，将红外透明的硫化锌（ZnS）包裹在 VO$_2$ 纳米颗粒外层并形成 VO$_2$/ZnS 核壳纳米颗粒后，VO$_2$ 纳米颗粒的颜色会产生一定变化，而同时 VO$_2$/ZnS 核壳纳米颗粒热致相变前后仍能保持一定的发射率变化[12]。此外，该研究团队制备出适合于大面积喷墨打印的 VO$_2$ 纳米颗粒墨水。通过喷墨打印方式，VO$_2$ 纳米颗粒墨水能被打印至不同基底，为今后制备大面积热致相变发射率薄膜奠定坚实基础。

1.1.3.2 红外电致变发射率器件

在电场或电流作用下，三氧化钨（WO$_3$）或导电高分子聚合物等材料的载流子浓度会随离子嵌入或掺杂发生一定改变[21-27]。这一材料特性为设计红外电致变发射率器件提供了可行思路。

1. 离子嵌入/脱嵌氧化物机制

在基于金属氧化物的电致变发射率器件研究中，美国 Eclipse Energy Systems 公司长期领先[26]。如图 1.6 所示，该公司制备的红外电致变发射率器件由红外透明电极、电致变发射率层、电解质层、离子储存层、红外反射电极和基底组成，具有优异的发射率调控范围，能耗仅为 0.1 mW/cm^2，质量密度为 5 g/m^2。该器件在 8 μm 处的发射率最大变化量可达 0.9。此外，该器件是基于全无机氧化物的固态电致变发射率器件，空间稳定性良好，有望用于动态红外伪装系统中。

基于可逆银电沉积的变红外发射率器件
Variable Infrared Emittance Devices Based on Reversible Silver Electrodeposition

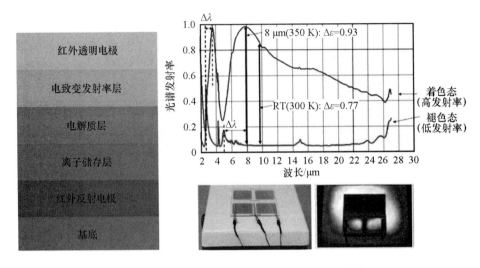

图1.6 基于WO₃的红外电致变发射率器件[26]

2. 离子掺杂导电聚合物机制

美国佛罗里达大学Schwendeman等[28]针对动态红外伪装的需求制备出基于聚3,4-乙撑二氧噻吩（PEDOT）的电致变发射率器件。如图1.7所示，该器件类似于三明治结构，由红外透明薄膜、聚合物层、网格金电极层、多孔电解质隔膜层和聚合物对电极层等构成。实验结果显示，在1.3~2.2 μm

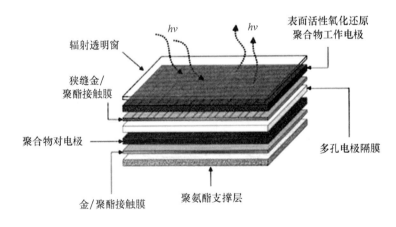

图1.7 基于导电聚合物的红外电致变发射率器件[28]

的波段内，器件红外反射率变化范围大于 80%。在 3.5~5 μm 波段内，其反射率变化范围大于 50%。器件良好的发射率调控幅度意味着其可以成为动态伪装系统中的变发射率模块。

1.1.3.3 仿头足动物的动态伪装系统

美国加州大学欧文分校 Xu 等[29]通过模仿自然界中头足类动物的动态伪装机制制备出一种可以动态调节红外反射模式的动态红外反射器件，如图 1.8 所示。研究人员通过在弹性驱动器表面镀上一层金属来模拟头足类动物皮肤表面由肌肉驱动的色素细胞。器件未被驱动时，表面金属层处于褶皱状态，可通过漫反射外部热辐射通量，使之具有更低表观温度。器件被驱动后，其表面金属层由褶皱状态转变为较平整状态，从而使其表面对外部的热辐射通量产生镜面反射。考虑到此类器件工作机理较为简单、工作温度要求较低、可调光谱范围较广、角度依赖性弱、响应时间快、重复循环能力稳定，且具有实现图案化和多像素化潜力、可自动化操作、较好的机械稳定性和容易直接制造等优点，其在动态红外调控领域具有广阔应用前景。

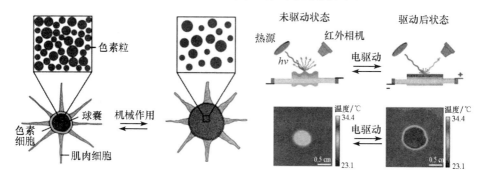

图 1.8　仿头足动物的动态红外反射器件[29]

1.1.3.4 基于石墨烯的动态红外调控器件

土耳其毕尔肯大学 Salihoglu 等[30]通过在多层石墨烯膜中可逆嵌入非挥发性的离子液体，实现了对多层石墨烯膜红外吸收率和红外发射率的电致调控。如图 1.9 所示，该器件由附着于多孔聚乙烯薄膜上的多层石墨烯膜、离子液体和作为对电极的金膜三部分构成。该器件除具有调控速度快和发射率调控幅度大等特点外，还具有轻（30 g/m²）、薄（<50 μm）和柔性好等特点，未来可应用于多种需要动态红外调控的领域。

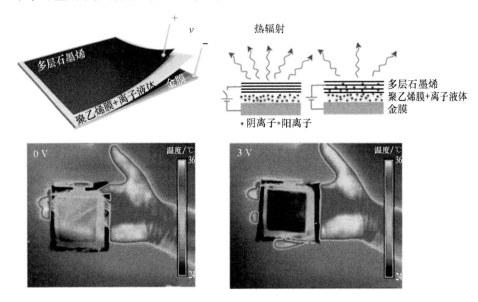

图1.9 基于石墨烯的动态红外调控器件（见彩插）[30]

上述介绍的几种动态红外伪装技术存在诸多应用上的问题，比如耗能高、设计复杂、发射率调控范围小、调控波段窄、驱动电压高等，使得这些技术较难实现真正的应用。因此，亟须开发低能耗、发射率可大幅变化、具有宽波段调控能力的新型动态红外伪装技术。

1.2 金属材料的光学特性

金属材料由于其独特的光学和辐射特性受到特别关注。金属在宏观状态下具有极高红外反射率，在纳米尺度下可产生强烈吸收或部分透射，与光学介电层相结合能产生多种颜色，处于不同表面形貌时又能展现出多种红外辐射反射模式。因此，对金属多种光学特性的有效运用为解决动态红外伪装中的多种需求提供了许多潜在途径。

第1章 绪论

1.2.1 宏观金属的光学特性

宏观状态下,金属在整个红外波段内都具有极高反射率,这使得金属是理想的可抑制红外辐射的红外反射材料[31-34]。如图1.10所示,由于金属材料中存在大量自由电子,其对红外辐射产生极强屏蔽和反射效应,几乎所有的金属材料在红外波段的反射率都接近100%。

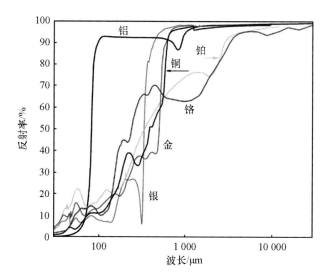

图1.10 不同金属膜在整个电磁波段反射率曲线(见彩插)

根据金属抑制红外辐射的特性,美国斯坦福大学Cai等[31]在纳米多孔聚乙烯膜上沉积一层金属,使该复合多孔薄膜在保持良好透气性的同时能有效抑制人体的热辐射。如图1.11所示,穿上沉积有Ag的纳米多孔聚乙烯膜织物后,人体的表观温度出现了明显降低。这表明该织物表面的金属层能有效反射并抑制人体所产生的热辐射,并将其再次反射到人体,从而起到良好的辐射保温效果。

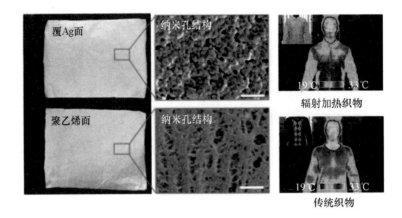

图1.11 沉积有 Ag 的纳米多孔聚乙烯膜织物对人体红外辐射的抑制作用[31]

1.2.2 纳米金属的光学特性

与上述宏观金属高反射现象相反，当金属尺寸缩减至纳米甚至亚纳米级时，则会出现诸如局域表面等离子体共振[35-38]或是自由电子在纳米级缺陷处的散射增强效应[39-40]等新现象。这类现象的出现可能导致金属在可见光至中远红外波段范围内产生近乎完美的吸收[35]或部分透射[39,41]。

根据纳米金属颗粒的局域表面等离子体基元共振机理，南京大学 Zhou 等[35]通过在纳米多孔三氧化二铝（Al_2O_3）模板上溅射金（Au）纳米颗粒的方式制备出一种在 400 nm~10 μm 波段内具有 99% 吸收率的宽波段等离子体吸收体。如图1.12所示，这些 Au 纳米颗粒在纳米多孔 Al_2O_3 模板的管壁内侧具有随机的尺寸与分布特性，使得该复合结构可以通过 Au 纳米颗粒所产生的局域表面等离子体基元共振有效吸收可见光至中远红外波段范围内的光线。

1.2.3 金属与光学介电层相结合时的光学特性

金属在可见光波段中也具有较高反射率，因而在金属材料表面添加一层较薄的光学介电涂层可较容易对金属表面进行着色[42-45]。由于氧化物和半导

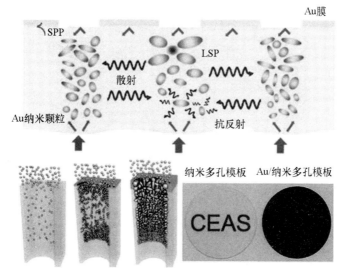

SPP—表面等离子极化激元；LSP—局域表面等离子体；
CEAS—南京大学工程与应用科学学院。

图 1.12　纳米多孔 Al_2O_3 模板上自组装的金纳米颗粒[35]

体光学介电涂层在红外波段透过率较好，因而金属在红外波段的光谱响应受光学介电层影响不大。这一光学特性为金属材料提供了一种潜在的可见光兼容策略。

受此启发，美国哈佛大学 Kats 等[42]在 Au 膜表面沉积纳米级厚度且具有高损耗的半导体介电薄膜层。这种介质可以通过光的叠加干涉作用在金属表面产生不同的颜色。如图 1.13 所示，将不同厚度的锗（Ge）纳米层沉积到 Au 膜上可以形成诸如橙、红、蓝和绿等多种颜色。

1.2.4　金属处于不同表面形貌时的光学特性

通过形成不同表面形貌与结构，金属薄膜还可以对外部红外辐射产生不同的反射和透射模式[29,46]，这一特性进一步增加了金属作为动态红外调控材料的优势。

根据调控金属表面形貌以调控红外反射模式的机理，美国加州大学欧文分校的 Xu 等[29]通过在弹性的驱动器上沉积一层金属，实现了该金属膜从粗

基于可逆银电沉积的变红外发射率器件
Variable Infrared Emittance Devices Based on Reversible Silver Electrodeposition

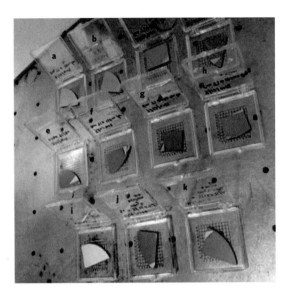

图 1.13　不同厚度 Ge 纳米层对金膜颜色的影响（见彩插）[42]

糙表面到光滑表面的可逆转变。如图 1.14 所示，当器件处于粗糙表面状态时，其对外部的红外辐射主要以漫反射为主。而当器件处于被拉伸的状态时，其对外部的红外辐射主要以镜面反射为主。因此，可以看出金属的表面形貌可以极大影响其对红外辐射的调控效果。

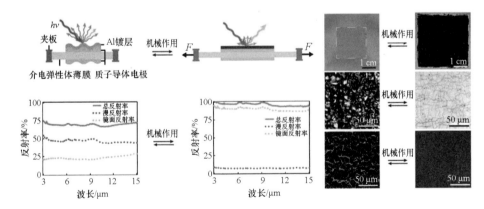

图 1.14　金属薄膜表面的粗糙程度对其红外反射模式的影响（见彩插）[29]

1.3 可逆金属电沉积器件及电极材料

尽管金属材料在红外波段具有众多优势,但如今仍未开发出能充分利用金属的多种优势来实现动态红外调控的系统。虽然可逆金属电沉积系统[47-58]、基于液态金属形变的系统[59-62]、电可调的纳米等离子体等液态镜系统[63-64]和仿生动态伪装系统[29,46,65-67]等提供了"操纵"金属的潜在方案,但是它们中大多数都没有或只有有限的动态红外响应。因此,探索出能有效利用金属多种光学和辐射特性的方法是揭示其在动态红外伪装系统中巨大潜力的关键。

上述的这些可实现"操纵"金属的系统中,可逆金属电沉积系统是通过在导电基材上可逆沉积和溶解金属的电化学系统[47-58],其为动态"操纵"金属进行红外调控提供了潜在平台。本节主要介绍常见的几种可逆金属电沉积系统,以及可实现红外调控的电极材料。

1.3.1 可逆金属电沉积器件

由于金属的高消光系数,在只有几十纳米厚度时,金属能呈现高度不透明状态,这使得基于可逆金属电沉积的智能窗拥有极佳的光学对比度。这一特点使金属成为构建新一代智能窗的理想光调制材料。下面介绍几种常见的用于智能窗的可逆金属电沉积器件,以探索将这些器件应用于动态红外伪装系统的潜力。

1.3.1.1 基于DMSO溶液的可逆金属电沉积器件

日本千叶大学Araki等[47]和Tsuboi等[54]制备了一种基于可逆金属电沉积凝胶电解质的电沉积器件,该器件可以实现三种光学状态——透明、银镜和黑色。如图1.15所示,该器件基于两个相对的透明电极上银离子(Ag^+)的电沉积与溶解以实现光谱的调控。该器件一侧是光滑的氧化铟锡(ITO)电极,而另一侧是由ITO颗粒修饰的ITO作为对电极。其中,可实现金属可逆沉积的凝胶电解质夹在这两片透明电极之间。凝胶电解质中含有硝酸银

基于可逆银电沉积的变红外发射率器件
Variable Infrared Emittance Devices Based on Reversible Silver Electrodeposition

（$AgNO_3$）、氯化铜（$CuCl_2$）和溴化四丁基溴铵（TBABr）等溶质，并溶解在以二甲亚砜（DMSO）为溶剂的凝胶中。由于该电解质中的溴离子（Br^-）过量，Ag^+ 和 Br^- 可以在有机电解质中形成络合物离子。

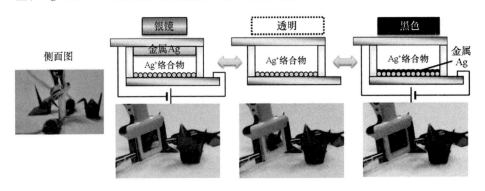

图 1.15　基于 DMSO 溶液的可逆金属电沉积器件[47]

新加坡南洋理工大学 Eh 等[48]开发了一种基于 $CuCl_2$ 的可逆电沉积器件。其中，$CuCl_2$ 被溶解于基于 DMSO 溶液的电解质中。该器件可以实现三种光学状态——透明、铜镜和蓝色。并且，他们选择了一种长链聚合物骨架与液相电解质相结合，从而能促成该器件在电沉积后形成光滑且均匀的镜面状态。此外，由于该长链聚合物能提升电解质的黏度，并阻碍电解质中阴离子和阳离子的扩散，从而能帮助器件在电压关闭状态下长时间保持其镜面状态。

1.3.1.2　基于水溶液的可逆金属电沉积器件

美国斯坦福大学 Barile 等[49]、Hernandez 等[50]、Strand 等[58]和 Islam 等[68]描述了一类在 Pt 纳米颗粒修饰的透明 ITO 电极上进行可逆金属电沉积的智能窗。三电极循环伏安实验表明，该器件具有非常高的库仑效率（99.9%），这表明金属在器件中的电沉积和溶解过程是几乎完全可逆的。如图 1.16 所示，他们所制备的面积为 25 cm^2 的智能窗可以在 3 min 之内从透明态（80%的透过率）转变到颜色中性的不透明态（<5%的透过率）。此外，这类器件在循环 5 500 次之后也不会降低其光学对比度、开关切换速度和光线变化均匀性。综合来看，这种基于水溶液的可逆金属电沉积智能窗是替代传统电致变色材料的一种理想选择。

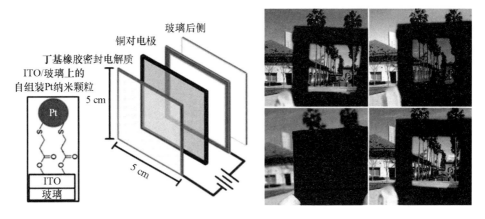

图1.16 基于水溶液的可逆金属电沉积智能窗[48]

1.3.2 电极材料

尽管基于可逆金属电沉积光学器件在可见光波段已实现了透明、镜面、等离子色彩和黑色等多种光学状态,但在这些器件中很少被报道具有动态红外调控的能力。其主要原因是它们红外不透明的顶电极和基底阻止了电沉积金属的红外响应。在这些器件中,红外不透明的玻璃基底可以很容易地被高红外透明的基底,如聚烯烃和氟化物等材料所代替[69-73]。因此寻找适合在可逆金属电沉积系统中实现动态红外调控的电极材料是解决这一问题的突破口。

1.3.2.1 基于纳米金属的电极

由于通过消除金属的纳米结构或增加其尺度可以将纳米金属的红外吸收[35-36,40,74-77]和红外透射[39]转换为红外反射,因此寻找具有高红外吸收或高红外透射的金属电极可为可逆金属电沉积系统带来意想不到的动态红外调制能力。

美国西北大学 Kocer 等[40]通过仿真和实验两种手段表征了厚度为 6 nm 的纳米铬(Cr)膜和基于该纳米 Cr 膜构成的绝缘体-金属-绝缘体(MIM)结构的光谱吸收率。如图1.17所示,在仿真和实验的光谱曲线中,纳米 Cr 膜在 $1.1\sim4.1~\mu m$ 的波段范围内具有接近30%的吸收率。由以上结果可知,纳米金属膜具有宽波段吸收的光学特性。

基于可逆银电沉积的变红外发射率器件
Variable Infrared Emittance Devices Based on Reversible Silver Electrodeposition

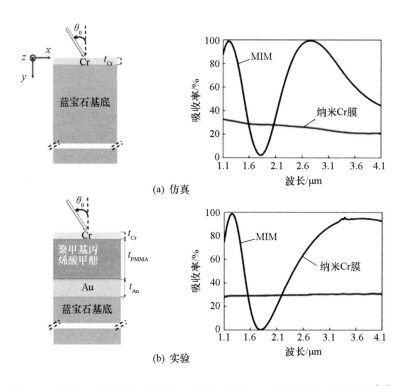

图 1.17 纳米 Cr 膜和基于该纳米 Cr 膜构成的 MIM 结构光谱吸收率曲线[40]

西班牙巴塞罗那科学技术研究所 Maniyara 等[39]报道了无籽晶层和有籽晶层辅助生长超薄金膜的光电特性。如图 1.18 所示,当无籽晶层辅助生长时,厚度为 10 nm 以下的超薄金膜呈现出离散岛状形貌。可见光至近红外波段的透过率曲线显示,厚度为 5 nm 以下时,其在整个波段都具有接近 60% 的透过率。当采用 1 nm Cu 籽晶层辅助超薄金膜生长后,该薄膜呈现出更均匀的表面形貌。其光谱曲线表明,在相同厚度下拥有籽晶层辅助生长的超薄金膜具有更低透过率,且其在近红外波段透过率下降比其在可见光波段更明显。添加了籽晶层的超薄金膜具有更平整的形貌,因此其方阻值比无籽晶层辅助生长的超薄金膜小至少一个数量级。更小的方阻值意味着薄膜对电磁波具有更强的电磁屏蔽作用,因而有籽晶层的超薄金膜在长波电磁波波段具有更低透过率。由以上结果可知,当金属薄膜厚度足够薄时,其对电磁波具有一定透过率。与此同时,纳米金属膜的厚度和表面形貌对其光谱透过率和方阻值也具有较大影响。薄膜越厚且越平整,其导电性越强,但也会带来更低的光谱透过率。

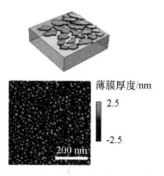

(a) 无籽晶层辅助生长的超薄金膜示意图和原子力显微镜图

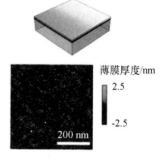

(b) 有籽晶层辅助生长的超薄金膜示意图和原子力显微镜图

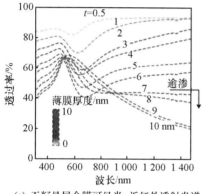

(c) 无籽晶层金膜可见光-近红外透射光谱

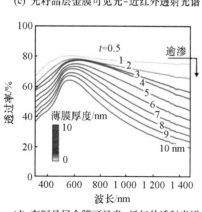

(d) 有籽晶层金膜可见光-近红外透射光谱

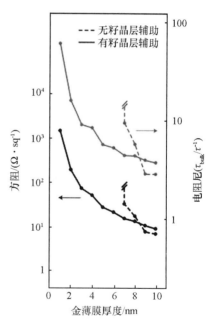

(e) 无籽晶层和有籽晶层辅助生长的超薄金膜方块电阻和电阻尼与薄膜厚度的关系

图 1.18　无籽晶层和有籽晶层辅助生长的超薄金膜光电特性（见彩插）[39]

1.3.2.2 基于碳纳米管和石墨烯的红外透明电极

与金属和半导体等电极材料相比，基于碳纳米管和石墨烯等材料的碳基电极具有更高的载流子迁移率和更低的载流子浓度，使得它们在红外区域具有更高的透明性[78-83]。此外，由于碳纳米管和石墨烯优异的光电[82,84-88]和机械性能[89-98]，它们已被应用于各种电子设备和器件中，如柔性触摸屏[79,81,99]、有机发光二极管[100-102]、透明超级电容器[103]、可充电电池[104-109]和电致变色器件[98,110]。

1. 碳纳米管和石墨烯的基本物理特性

碳纳米管和石墨烯都是由碳原子的 sp^2 杂化而组成的两种不同结构的碳素异形体。其中，单壁碳纳米管（SWCNT）是由一层石墨烯卷起而形成的圆柱形碳纳米结构，而石墨烯则是一种由单层碳原子构成的二维薄膜材料。在石墨烯结构中，外层的四个电子中有三个占据了杂化态。这些电子形成了三个 σ 键，构成了发挥关键作用的碳网格，即每个碳原子与三个相邻的碳原子都形成了共面的 σ 键。这使得一个价电子（π 电子）占据一个 p 轨道，不同碳原子的 π 电子波函数重叠形成了沿着晶格平面的离域 π 和 π* 键。石墨烯的 π 和 π* 键在六边形的布里渊区边角上（K 点）简并。简并发生在狄拉克交叉能量处，产生了一个点状的金属费米面。这一特点使得作为无质量的狄拉克费米子——载流子（电子）具有 10^6 m/s 的费米速度，让石墨烯在室温下具有 2×10^5 cm²/（V·s）的迁移率。因此，石墨烯是一种零带隙的半金属，它的价带和导带之间只有很小的重叠。而当一个平面石墨烯被卷成 SWCNT 时，由曲率引起的锥体化和碳原子的 p 轨道错位导致了电子性质的改变，因此 SWCNT 既可以表现为金属性又可以表现为半导体性，这取决于其直径和手性，并且其带隙与其直径成反比。由于碳纳米管的共轭结构是从石墨烯继承而来的，因此碳纳米管在其轴向也具有很高的载流子迁移率 [$>10^5$ cm²/（V·s）]。这些电子特性结合纳米尺度的尺寸，使得载流子主要分布在石墨烯和碳纳米管的表面。这赋予了它们三个重要的共同特征：低载流子浓度与高迁移率、各向异性的电导率和对环境的敏感性。这些特征跟基于石墨烯和碳纳米管透明电极的性质有密切关系[80,82,109]。

2. 碳纳米管和石墨烯的电导率与光谱透过率的关系

未掺杂的石墨烯是一种半金属，虽然在 $E_d = E_f$（狄拉克点）上有一个交叉点，但其态密度为零，只有在一定温度下的热激发电子才能使其导电，这就导致了石墨烯和碳纳米管的载流子浓度很低。在室温下，石墨烯的自由载流子浓度为 10^{20} cm^{-3}，或是 10^{12} cm^{-3}（二维石墨烯薄膜），而一维 SWCNT 的自由载流子浓度为 10^{17} cm^{-3}。与半导体氧化物［如 ITO（10^{21} cm^{-3}）］或金属［如 Ag（10^{22} cm^{-3}）］相比，它们的自由载流子浓度更低[80,83]。

材料对电磁波的透过率与其电子结构特征密切相关。当一束光打在材料上时，光只会被反射、吸收或透过。对于导电材料来说，反射率主要是由光与该导电材料的自由电子相互作用而引起的。因此，优化宽波段透明电极的最佳策略是限制载流子浓度，增加载流子的迁移率。透明导电材料的另一个重要特性是其等离子体截止波长 λ_p。如果入射光波长 $\lambda_{in} > \lambda_p$，则光线会在该材料表面被反射或吸收，而不是透过。λ_p 可以根据 Drude 公式计算得出，公式如下：

$$\lambda_p = 2\pi h \left(\frac{ne^2}{m^* \varepsilon_r \varepsilon_0} \right)^{-\frac{1}{2}} \tag{1.2}$$

式中：h 为普朗克常数；n 为材料的载流子浓度；e 为电荷常数；m^* 为载流子的有效质量；$\varepsilon_r \varepsilon_0$ 为材料的介电常数。因此，透明电极的光谱透过上限可以由 λ_p 确定。

德国亥姆霍兹柏林材料与能源研究中心 Ellmer[82] 总结了金属、半导体氧化物和碳材料这三种透明电极材料的光电特性。金属具有非常高的载流子浓度和中等的迁移率，因此其等离子体截止波长处于深紫外波段（$\lambda_p <$ 200 nm）。这也是金属在可见光波段通常具有光泽的原因。半导体氧化物拥有高的载流子浓度和较高的迁移率，其等离子体截止波长处于近红外波长范围（$\lambda_p > 1$ μm）。石墨烯和 SWCNT 则具有较低的载流子浓度和高的迁移率，其等离子体截止波长则处于远红外波段。加州大学洛杉矶分校的 Hu 等[83] 测试了不同透明导电材料的红外透射光谱，其中包括 ITO、PEDOT:PSS、银纳米线透明电极、SWCNT 透明电极和氧化还原石墨烯等透明电极。从图 1.19 可以看出，碳纳米管具有最好的红外透明性，氧化还原石墨烯次之。

基于可逆银电沉积的变红外发射率器件
Variable Infrared Emittance Devices Based on Reversible Silver Electrodeposition

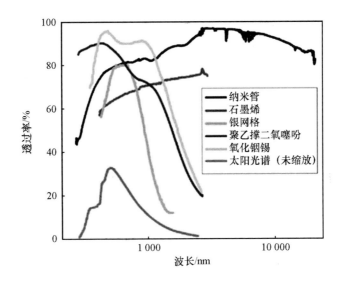

图 1.19　不同透明导电材料透射光谱（见彩插）[82]

1.4　研究目标和研究内容

为实现动态红外伪装，需对伪装目标所发射的热辐射实现精确控制以匹配背景环境辐射特征。根据斯特藩－玻尔兹曼定律，控制物体表面温度或控制物体表面发射率是目前两种可行的技术路径。研究人员通过上述两种途径，设计并得到了多种动态红外伪装材料与器件，但仍存在以下几个方面的问题：微流控系统和热电片系统展现出显著的温度调节能力，但前者需要复杂的加热、冷却和气动系统，后者可能造成高能耗和严重余热问题；基于 VO_2 和 GST 的相变材料受到相对固定的工作温度限制，发射率较难实现渐变和实时调控；基于 WO_3 和导电聚合物的红外电致变发射率器件的发射率可调节范围（$\Delta\varepsilon$）较窄且红外调制波段受限；仿头足动物的动态伪装系统存在红外发射率变化不足和触发电压高等问题；基于石墨烯的动态红外调控器件缺乏低成本制造技术和可见光波段兼容性。

上述固有缺陷使这些材料和器件难以满足动态伪装需求，本书基于金属的光学特性，围绕可逆金属电沉积技术，进行了基于可逆 Ag 电沉积的变红外发射

第1章 绪论

率器件的相关研究,为开发新型自适应红外伪装技术提供理论与技术参考。

1.4.1 研究目标

可逆 Ag 电沉积技术应用较成熟,因此本书围绕可逆 Ag 电沉积技术,探究不同电极材料在该体系中的动态红外能力。主要研究目标如下:

(1) 研究纳米 Pt 薄膜的光电性能,将其引入可逆 Ag 电沉积器件,并实现动态红外调控目标。

(2) 研究石墨烯在不同红外透明基底上的转移工艺,将其应用于可逆 Ag 电沉积器件,并实现动态红外调控目标。

(3) 实现器件的多功能化,如多像素化、大面积制备、漫反射调控、柔性、可见光兼容等多种功能。

1.4.2 研究内容

围绕上述目标,采用纳米 Pt 薄膜和石墨烯作为电极,探究两种电极材料在可逆 Ag 电沉积器件中的动态红外特性,并制备发射率可大幅调控的动态红外伪装器件(图 1.20)。

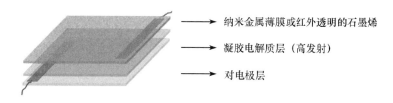

图 1.20 目标器件结构示意图(见彩插)

1. 研究基于纳米 Pt 薄膜的可逆金属电沉积器件

首先,对纳米 Pt 薄膜的导电性、光学特性和形貌特性等进行分析,研究其在可逆 Ag 电沉积器件中动态红外调控的潜力。在此基础上,研究器件在不同 Pt 厚度和不同沉积电压下的动态红外特性,并进一步研究基于纳米 Pt 薄膜器件的循环性能和辐射降温能力。

2. 研究基于石墨烯的可逆 Ag 电沉积器件

首先，研究石墨烯转移至 SiO_2/Si 基底后的电学特性、分子结构和微观形貌特征。其次，研究多层石墨烯上电沉积金属的形貌演变。再次，研究石墨烯在红外透明基底上的转移工艺，并对不同层数石墨烯在不同红外透明基底上的红外透明性和导电性进行表征。最后，将基于石墨烯的电极组装入可逆 Ag 电沉积器件，并对其动态红外特性和循环性能进行研究。

3. 研究如何实现器件的多功能化

（1）研究实现器件多像素化的方法。
（2）研究实现器件有效面积放大的方法。
（3）研究器件的多基底兼容性。
（4）研究器件实现可见光波段兼容的可能性。

研究路线如图 1.21 所示。

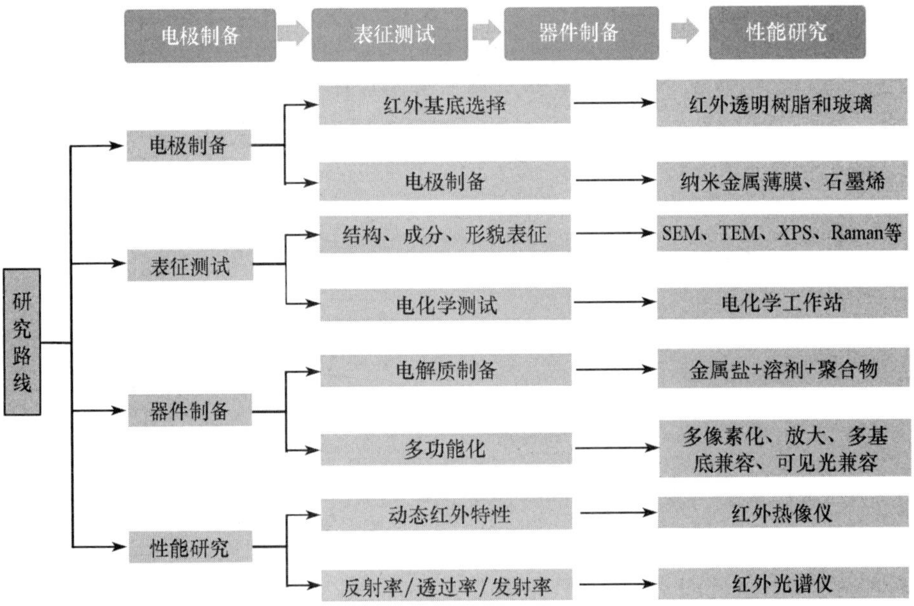

图 1.21　研究路线

第 2 章
实验方法与原理

2.1 主要材料与仪器设备

2.1.1 实验所用材料与试剂

实验所用材料与试剂如表 2.1 所示。

表 2.1 实验所用材料与试剂

试剂和材料名称	规格型号	厂商	用途
氟化钡基底（BaF_2）	双抛	欧风光学	镀膜和转移基底
氟化钡基底（BaF_2）	未抛光	欧风光学	镀膜基底
聚丙烯（PP）薄膜	厚度 6 μm 和 12 μm	Chemplex	镀膜基底
氧硅（SiO_2/Si）基片	SiO_2 厚度 300 nm	赛邦电子	转移基底
铂（Pt）蒸发料	99.999%	中诺新材	镀膜材料
氧化铬（Cr_2O_3）靶材	99.999%	中诺新材	镀膜材料
氧化锌（ZnO）靶材	99.999%	中诺新材	镀膜材料
单层铜基底石墨烯	化学气相法（CVD）	合肥微晶	电极材料
氧化铟锡（ITO）电极	PET 和玻璃基底	珠海 Kaivo	电极材料

续表

试剂和材料名称	规格型号	厂商	用途
无水乙醇	分析纯	国药试剂	清洗
高纯氩气	99.999%	长沙日臻气体有限公司	镀膜启辉气体
高纯氮气	99.999%	长沙日臻气体有限公司	干燥样品
高纯氧气	99.999%	长沙日臻气体有限公司	表面改性
热释放胶带	90℃释放	合肥微晶	固定PP基底
聚乙烯醇（PVA）	$M_w = 89\,000 \sim 98\,000$	Sigma-Aldrich	配电解质
硝酸银（$AgNO_3$）	分析纯	Sigma-Aldrich	配电解质
氯化铜（$CuCl_2$）	分析纯	Sigma-Aldrich	配电解质
四丁基溴化铵（TBABr）	分析纯	Sigma-Aldrich	配电解质
二甲基亚砜（DMSO）	分析纯	阿拉丁	配电解质
AB胶	环氧树脂	英国力霸公司	封装
Kapton胶带	聚酰亚胺	3M	封装
Scotch胶带		3M	封装
导电银胶		SPI	导电网格
Pt电极	2 cm×2 cm	恒晟科技有限公司	三电极测试
聚甲基丙烯酸甲酯	5%	合肥微晶	转移石墨烯
过氧化氢（H_2O_2）	分析纯	国药试剂	溶解铜基底
盐酸（HCl）	分析纯	国药试剂	溶解铜基底
丙酮	分析纯	国药试剂	溶解PMMA
聚对苯二甲酸乙二醇酯	厚度125 μm	珠海Kaivo	捞取石墨烯
去离子水	18 MΩ	实验室自制	清洗

2.1.2 主要仪器设备

实验所用主要仪器设备如表2.2所示。

表2.2 主要仪器设备

仪器名称	型号规格	生产地
电子束蒸发镀膜机	PVD 75	美国
磁控溅射镀膜机	沈阳科仪	中国
扫描电镜	Hitachi Regulus 8100	日本
能谱仪	Oxford Instrument, X-Max EDS	英国
光学显微镜	Carl Zeiss	德国
X射线光电子能谱仪	Thermo ESCALAB 250Xi	美国
拉曼光谱仪	Horiba JY Labram Aramis	法国
电化学工作站	PARSTAT 4000	美国
超声清洗器	KQ-100DB	中国
FTIR红外光谱仪	Bruker, Vertex 70	德国
红外积分球	Bruker	德国
可变角度镜面反射附件		美国
紫外-可见-近红外光谱仪	Hitachi, U-4100	日本
可见-近红外光谱仪	OFS-2500	美国
X射线衍射仪	Bruker, D8 ADVANCE	德国
数码相机	Nikon D7100	日本
中波红外（MWIR）相机	FLIR SC7300m	美国
长波红外（LWIR）相机	FLIR T420	美国
可见光椭圆偏振光谱仪	α-SE Ellipsometer	美国
红外椭圆偏振光谱仪	IR-VASE MARK II Ellipsometer	美国

续表

仪器名称	型号规格	生产地
三维超景深相机	VHX-2000C	日本
热电偶	K 型	中国
多通道温度记录仪	金科，JK808	中国
直流电源	迈斯泰克	中国
旋涂机	沈阳科仪	中国
氧等离子体清洗机	三和波达，PT-2S	中国
原子力显微镜	Bruker，Dimension Icon	德国
方阻测试仪	RTS-9	中国
恒温加热台	ET 系列	中国

2.2 实验过程

2.2.1 基于纳米 Pt 薄膜的可逆 Ag 电沉积器件制备

2.2.1.1 电子束蒸发制备纳米 Pt 薄膜

在电子束蒸发前，将抛光 BaF_2 基底（表面均方根粗糙度 $\leqslant 10$ nm）和粗糙 BaF_2 基底（未经抛光粉抛光的粗片）置于氮气流下清洗并干燥，然后用氧等离子体清洗机处理厚度为 12 μm 的 PP 薄膜，增加其表面含氧官能团。本实验使用的电子束蒸发系统为 Kurt J. Lesker PVD 75，沉积温度为室温，沉积速率为 0.02 nm/s，沉积基底为抛光 BaF_2 基底、粗糙 BaF_2 基底、氧等离子体改性后的 PP 膜和 Cr_2O_3 层修饰的 BaF_2 基底。Pt 薄膜的标称厚度根据设备自身的沉积速率推算确定，设备的沉积速率则由其内部的石英晶体振荡器校准。电子束蒸发设备如图 2.1 所示。

第 2 章
实验方法与原理

图 2.1　电子束蒸发设备

2.2.1.2　磁控溅射沉积制备 Cr_2O_3 和 ZnO 薄膜

Cr_2O_3 和 ZnO 薄膜由射频磁控溅射设备（图 2.2）制得。溅射功率为 150 W，溅射基底为抛光 BaF_2 基底，工作压力为 2 Pa，氩气流量为 20 sccm。Cr_2O_3 和 ZnO 层的光学常数通过光谱椭偏仪测量得到，仪器型号为 alpha-SE（J. A. woollam），薄膜的厚度根据实验数据 ψ 和 Δ 拟合得出。

图 2.2　射频磁控溅射设备

2.2.1.3 凝胶电解质制备

凝胶电解质由 0.5 mM 的 AgNO$_3$（Sigma-Aldrich）、0.1 mM 的 CuCl$_2$（Sigma-Aldrich）、2.5 mM 的四丁基溴化铵（Tetrabutylammonium Bromide, TBABr, Sigma-Aldrich）和 10% 的聚乙烯醇（Polyvinyl Alcohol, PVA, Sigma-Aldrich, M_w = 89 000～98 000）在 100 mL 的二甲基亚砜（Dimethyl Sulfoxide, DMSO, Aladdin）溶液中混合并加热搅拌而制备所得。如图 2.3 所示，随着电解质中 PVA 质量分数从 5% 增加至 10%，凝胶电解质的颜色逐渐由深红变成淡黄。

图 2.3　添加了不同质量分数 PVA 的凝胶电解质

2.2.1.4 独立的可逆 Ag 电沉积器件制备

（1）将蒸发了纳米 Pt 薄膜的 BaF$_2$ 基底作为工作电极。

（2）将沉积了 ITO 的聚对苯二甲酸乙二醇酯（PET–ITO，方阻：14 Ω/sq，珠海 Kaivo）作为对电极。

（3）为使电接触均匀，在工作电极和对电极周围涂上导电银浆。

（4）用环氧树脂将涂抹了导电银浆的区域进行密封，以防止其与凝胶电解质接触。

（5）在蒸发了 Pt 薄膜的 BaF$_2$ 基底和 PET–ITO 电极之间加入吸收了凝胶电解质且除去多余气泡的滤纸。加滤纸是为这些器件提供一定的力学支撑和约 150 μm 的电极间距。

（6）用环氧树脂和 Kapton 胶带密封这些器件的边缘，以防止电解液泄漏。

2.2.1.5 多像素化的可逆 Ag 电沉积器件制备

(1) 在 Pt 蒸发前,将 Kapton 胶带附着在 6 cm×6 cm 的 BaF_2 基底上,形成一个 3×3 的 Pt 薄膜阵列,如图 2.4 所示。

(2) 在蒸发完 Pt 薄膜后将 Kapton 胶带去除,并通过涂抹导电银浆(用环氧树脂密封)将控制电路添加到图案化的 Pt 薄膜阵列上。

(3) 将类似的控制电路(用环氧树脂和 Kapton 胶带密封)也添加到预先图案化的 PET-ITO 电极上。

(4) 在图案化的 Pt/BaF_2 基底和 PET-ITO 电极之间加入吸收了凝胶电解质且除去多余气泡的滤纸。

(5) 用环氧树脂和 Kapton 胶带封住多像素化器件的边缘,以防止电解液泄漏。

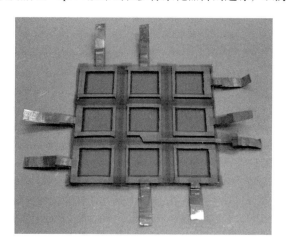

图 2.4 图案化后并添加控制电路的 Pt/BaF_2 基底

2.2.1.6 扩展放大的可逆 Ag 电沉积器件制备

(1) 将 Pt 薄膜蒸发到 6 cm×6 cm 的 BaF_2 基底上。

(2) 在 Pt/BaF_2 基底的中心添加一个额外的十字形导电框架,并在其四周涂上一圈导电银浆涂料。

(3) 用环氧树脂和 Kapton 胶带对该十字形导电框架和四周的导电网格进行密封。

(4) 在该 Pt/BaF$_2$ 基底和 PET-ITO 电极之间加入吸收了凝胶电解质且除去多余气泡的滤纸。

(5) 用环氧树脂和 Kapton 胶带来密封该器件的边缘，以防止电解液泄漏。

2.2.2 基于石墨烯电极的可逆 Ag 电沉积器件制备

2.2.2.1 基底的预处理

(1) 用氧等离子体清洗机处理厚度为 6 μm 的 PP 薄膜，以增加其表面含氧官能团和亲水性。

(2) 采用射频磁控溅射法，在抛光 BaF$_2$ 基底上沉积 ZnO 层，功率为 150 W，工作压力设定为 2 Pa，氩气流量设定为 20 sccm。

2.2.2.2 石墨烯的转移

(1) 将较大片的生长有单层石墨烯的铜箔剪成适当大小。

(2) 在经乙醇清洗后的 PET 基底上滴几滴去离子水，将生长有单层石墨烯的铜箔压到 PET 基底上，尽量使其平整。

(3) 用滤纸边缘靠近生长有单层石墨烯的铜箔边缘，并将多余的水吸走。

(4) 通过旋涂机旋涂 PMMA 胶。

(5) 旋涂 PMMA 胶完毕后，用滤纸将铜箔从 PET 基底上铲下，并将铜箔放到滤纸上，然后整体放到加热台上用 100℃ 的温度烘烤 5 min，使旋涂的 PMMA 胶完全固化。

(6) 配置含有过氧化氢和盐酸的混合腐蚀溶液。

(7) 将加热后的铜箔放到上述配置的混合腐蚀溶液中，并静置 30 min 以上（使铜箔完全被腐蚀溶液溶解）。

(8) 用 PET 塑料片将 PMMA/石墨烯（PMMA/G）叠层捞起，转入去离子水中，放置 30 min。反复操作几次，将混合腐蚀溶液清洗干净。

(9) 用目标基底将 PMMA/G 叠层捞起，倾斜放置 1 h，自然风干，直到看不到明显的水迹。

(10) 将转移了石墨烯的基底放到加热装置上，用 100℃ 的温度加热 40 min，使石墨烯与基底充分结合。

(11) 将转移了石墨烯的基底放到丙酮溶液中，浸泡 30 min，去除 PMMA。

(12) 捞起基底，用氮气吹干，并准备下一轮的转移工作。

2.2.2.3 可逆 Ag 电沉积器件的制备

(1) 将转移了石墨烯的 BaF_2 或 PP 膜作为工作电极，并将 PET‒ITO（方阻：14 Ω/sq，珠海 Kaivo）作为对电极。

(2) 在工作电极和对电极的四周涂上导电银浆，使石墨烯电极与引出的导线之间保持良好的电接触。

(3) 用环氧树脂和 Kapton 胶带将涂抹了导电银浆的区域进行密封，以防止其与凝胶电解质相接触。

(4) 在转移了石墨烯的 BaF_2 或 PP 膜与 PET‒ITO 电极之间加入吸收了凝胶电解质且除去多余气泡的滤纸。滤纸的加入为这一柔性器件提供了一定的力学支撑和约 150 μm 的电极间距。

(5) 用环氧树脂和 Kapton 胶带来密封这些器件的边缘，以防止电解液的泄漏。

2.3 表征分析与性能测试

2.3.1 微观结构与成分分析

2.3.1.1 扫描电子显微镜（SEM）

采用日本 Hitachi Regulus 8100 型扫描电子显微镜对蒸镀 Pt 薄膜、电沉积后的 ITO 电极和电沉积后的 Pt 薄膜进行高倍数的表面形貌观察。蒸镀 Pt 薄膜在放入扫描电子显微镜腔室前，需用紫外线臭氧清洗机清洗 5 min，以除去吸附在其表面的污染物。电沉积后的 ITO 电极和电沉积后的 Pt 薄膜放入扫描电镜腔室前需要依次在 DMSO 和乙醇溶液中清洗多次，然后在氮气流中干燥后才能放入腔室中。

2.3.1.2 能谱仪（EDS）

采用英国 Oxford Instrument 公司 X–Max EDS 能量色散光谱单元对蒸镀 Pt 薄膜和电沉积后的 Pt 薄膜进行元素成分与含量表征。

2.3.1.3 拉曼光谱仪（Raman）

采用法国 Horiba JY Labram Aramis 型拉曼光谱仪对石墨烯薄膜分子结构进行分析与表征，激光功率为 2 mW，激光波长为 532 nm。

2.3.1.4 掠入射 X 射线衍射仪（GIXRD）

采用德国 Bruker 公司 D8 ADVANCE X 射线衍射仪对蒸镀 Pt 薄膜、ITO 薄膜、电沉积后的 Pt 薄膜和电沉积后的石墨烯薄膜等样品表面进行 GIXRD 表征。该仪器采用平行束射线操作模式，以 2θ 扫描轴收集测量值，步长为 $0.02°$，扫描速度为 $2\ (°)/\mathrm{min}$，并从 $10°\sim 90°$ 的 2θ 角度内收集 GIXRD 数据。所有薄膜样品均使用 $0.5°$ 的 Ω 值以确保获得高分辨率的薄膜 GIXRD 数据。图 2.5 是掠入射 X 射线衍射测量示意图。

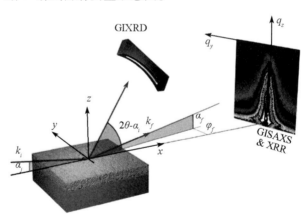

图 2.5　掠入射 X 射线衍射测量示意图

2.3.1.5 X 射线光电子能谱仪（XPS）

采用美国 Thermo Fisher 公司 ESCALAB 250Xi 型光电子能谱仪对 Pt 薄膜样品表面元素含量和化学价态进行分析，X 射线源采用单色化 Al 靶（Al Kα，

1 486.68 eV），最佳能量分辨率不大于 0.45 eV，最佳空间分辨率不大于 3 μm。

2.3.2 光谱测量与图像拍摄

2.3.2.1 傅里叶红外（FTIR）光谱曲线测量

样品的总红外反射率通过配备有红外积分球的傅里叶红外光谱仪（Bruker，Vertex 70）进行测量，如图 2.6 所示。该积分球的样品端口直径约为 2.1 cm。测量波段为 2.5~25 μm，光线的入射角度为 12°，漫反射金标准样作为红外反射率测量的标准参考样。同样，测量样品总红外透射光谱曲线时需要将样品置于积分球的光线入射口。

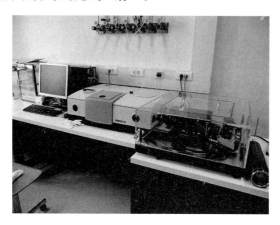

图 2.6　傅里叶红外（FTIR）光谱仪

根据式（2.1）来计算样品的总红外吸收光谱曲线：

总红外吸收率（％）＝100％ − 总红外透过率（％） − 总红外反射率（％）

(2.1)

组装后器件的实时总红外反射曲线也是通过配备有积分球的傅里叶红外光谱仪进行测量，并同时使用 PARSTAT 4000 电化学工作站执行电沉积步骤和施加保护电流。

组装后器件的实时镜面红外反射光谱曲线是通过配备有可变角度反射附件的傅里叶红外光谱仪测量（标准参考样为标准的镜面金膜），并通过电化学工作站执行电沉积步骤和施加保护电流。根据式（2.2）计算样品实时漫反射红外反射光谱曲线：

$$\text{漫反射率}（\%）=\text{总反射率}（\%）-\text{镜面反射率}（\%） \quad (2.2)$$

所有情况的测量均在20℃的室温下进行，相对湿度保持在45%。

2.3.2.2　紫外-可见-近红外（UV/vis/NIR）光谱曲线测量

采用日立公司 U-4100 系列分光光度计对样品的紫外-可见-近红外光谱进行测量，测量波长范围为 0.3~2.5 μm，并采用漫反射积分球收集反射率数据。含 Cr_2O_3 层的变红外发射率器件的可见光反射光谱曲线由海洋光学 OFS-2500 光谱仪测量得到，该光谱仪使用的光源为 LS-3000 卤素光源。

2.3.2.3　数码和红外相机成像

首先采用 Nikon D7100 数码相机对样品在可见光波段的图片进行拍摄。其次采用数码显微镜系统 VHX-2000c 获得粗糙 BaF_2 表面的彩色 3D 图像。最后采用 FLIR SC7300m 红外相机（工作波段为 3.7~4.8 μm）和 FLIR T420 红外相机（工作波段为 7.5~13 μm）对器件在 MWIR 和 LWIR 窗口波段的红外图像进行记录，如图 2.7 所示，设备的预定发射率均设置为 1.0。在上述测量过程中，室温保持为 20℃，相对湿度保持为 45%。为对器件的表观温度进行分析，使用 FLIR 软件包（FLIR Tools V5.7 和 FLIR researchir Max 4.0）中的 box 测量工具和 line 测量工具提取器件在 MWIR 和 LWIR 图像中的表观温度曲线。动态红外视频则通过红外相机录制到装有 FLIR 软件包的计算机上，并通过 Bandicam 软件翻录所得。

图 2.7　LWIR 红外相机

第 2 章
实验方法与原理

2.3.2.4 椭圆偏振光谱测量

采用可见光光谱椭偏仪（α-SE Ellipsometer，J. A. woolam Co.），对 Cr_2O_3/BaF_2 基底在 380~900 nm 的波段范围内进行椭圆偏振光谱测量，测量角度为 70°和 75°，如图 2.8 所示。在进行光谱椭偏测量前，需对 Cr_2O_3/BaF_2 基底的 BaF_2 侧进行打磨，使样品下表面粗糙化并能有效漫反射入射光线。光学常数和膜厚度则通过 Complete EASE 软件对实验数据（ψ 和 Δ）进行拟合后得到。

采用红外光谱椭偏仪（IR-VASE MARK II Ellipsometer，J. A. woolam Co.），对抛光 BaF_2 基底在 1.7~30 μm 的波段范围内进行红外光谱椭偏测量，测量角度为 70°和 80°。抛光 BaF_2 基底的光学常数通过 WVASE 软件对实验数据（ψ 和 Δ）进行拟合后得到。

图 2.8 可见光光谱椭偏仪（α-SE Ellipsometer）

2.3.3 薄膜方阻测量

采用四探针电阻率测量系统（RTS-9）测量各类薄膜样品的方阻数据，如图 2.9 所示。每个样品在不同区域内测量 9 次，取测量平均值作为样品的方阻。

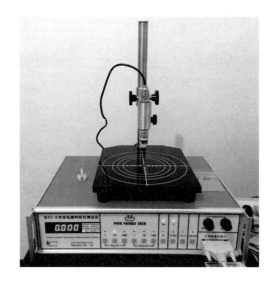

图 2.9　四探针电阻率测量系统（RTS-9）

2.3.4　器件辐射降温性能对比

首先，将器件和非光谱选择性样品安装到 PET-ITO 膜的 PET 面（厚度为 150 μm，长度为 30 mm，ITO 薄膜的方阻为 14 Ω/sq）。然后，使用直流电源对 ITO 薄膜进行供电并产生焦耳热，施加功率为 58.5 mW/cm^2。在器件和具有红外光谱选择性样品的背面各贴上 K 型热电偶并连接多通道温度记录仪（JK808），每隔 1 s 记录样品的温度。在镀有 ITO 涂层的 PET 下放置二氧化硅（SiO$_2$）气凝胶砖，以避免向下传导热量，并确保 ITO 薄膜产生的热量只向上传递。本实验主要通过对比器件和非光谱选择性样品在恒定加热功率下的实际平衡温度，以大致评估两者辐射降温能力的区别。

2.3.5　计算

2.3.5.1　电极的红外光谱透过率、反射率和吸收率

通过对总红外光谱透过率曲线、总红外光谱反射率曲线进行积分，计算

出 Pt/BaF$_2$ 基底、Pt/粗糙 BaF$_2$ 基底和 Pt/柔性 PP 膜在 3~14 μm 波段范围内的平均红外透过率、平均红外反射率和平均红外吸收率。Pt 薄膜和基底的总光谱透过率计算公式为：

$$\overline{T}_{(3 \sim 14 \ \mu m)} = \frac{\int_3^{14} T(t, \lambda) \mathrm{d}\lambda}{\int_3^{14} \mathrm{d}\lambda} \quad (2.3)$$

式中：$\overline{T}_{(3 \sim 14 \ \mu m)}$ 为 Pt 薄膜和基底在 3~14 μm 的平均红外透过率；$T(t, \lambda)$ 为 Pt 薄膜和基底的总光谱透过率；λ 为波长。

Pt 薄膜和基底的总光谱反射率计算公式为：

$$\overline{R}_{(3 \sim 14 \ \mu m)} = \frac{\int_3^{14} R(t, \lambda) \mathrm{d}\lambda}{\int_3^{14} \mathrm{d}\lambda} \quad (2.4)$$

式中：$\overline{R}_{(3 \sim 14 \ \mu m)}$ 为 Pt 薄膜和基底在 3~14 μm 的平均红外反射率；$R(r, \lambda)$ 为 Pt 薄膜和基底的总光谱反射率；λ 为波长。

Pt 薄膜和基底的总光谱吸收率计算公式为：

$$\overline{\alpha}_{(3 \sim 14 \ \mu m)} = \frac{\int_3^{14} \alpha(\alpha, \lambda) \mathrm{d}\lambda}{\int_3^{14} \mathrm{d}\lambda} \quad (2.5)$$

式中：$\overline{\alpha}_{(3 \sim 14 \ \mu m)}$ 为 Pt 薄膜和基底在 3~14 μm 的平均红外吸收率；$\alpha(\alpha, \lambda)$ 为 Pt 薄膜和基底的总光谱吸收率；λ 为波长。

2.3.5.2 基底的红外光谱吸收率

由于标准金膜在红外光谱中几乎没有吸收，因此抛光 BaF$_2$ 基底、粗糙 BaF$_2$ 基底和 PP 膜的红外吸收光谱可根据式（2.6）计算得到：

BaF$_2$ 或 PP 膜的红外吸收率（%）

= 100% − BaF$_2$ 或 PP 膜覆盖金膜的总红外反射率（%）　（2.6）

这些基底在 3~14 μm 波段范围内的平均红外吸收率则由式（2.7）计算：

$$\overline{\alpha}_{(3 \sim 14 \ \mu m)}^{\mathrm{substrate}} = 100\% - \overline{R}_{(3 \sim 14 \ \mu m)}^{\mathrm{substrate-covered-Au}} = \frac{\int_3^{14} R_{\mathrm{substrate-covered-Au}}(r, \lambda) \mathrm{d}\lambda}{\int_3^{14} \mathrm{d}\lambda} \quad (2.7)$$

式中：$\bar{\alpha}_{(3\sim14\ \mu m)}^{substrate}$ 为抛光 BaF_2 基底、粗糙 BaF_2 基底和 PP 膜在 $3\sim14\ \mu m$ 波段范围内的平均红外吸收率；$R_{substrate-covered-Au}(r,\lambda)$ 为基底覆盖金膜后的总光谱反射率；λ 为波长。

2.3.5.3 电极和基底的红外吸收率比例

因为 Pt 薄膜的红外吸收由基底的红外吸收和 Pt 薄膜导致的红外吸收两部分共同组成，所以 Pt 薄膜在 $3\sim14\ \mu m$ 波段范围内的红外吸收可以通过式（2.8）来计算：

$$\bar{\alpha}_{(3\sim14\ \mu m)}^{Pt} = \bar{\alpha}_{(3\sim14\ \mu m)} - \bar{\alpha}_{(3\sim14\ \mu m)}^{substrate} \tag{2.8}$$

式中：$\bar{\alpha}_{(3\sim14\ \mu m)}$ 为 Pt 薄膜在 $3\sim14\ \mu m$ 波段范围内的平均红外吸收率。

2.3.5.4 器件的波段发射率

当计算动态器件的波段发射率时，需将器件的红外发射光谱强度与黑体辐射光谱进行积分，如式（2.9）所示：

$$\varepsilon(\lambda_1,\lambda_2) = \frac{\int_{\lambda_1}^{\lambda_2} I_{BB}(T,\lambda)\varepsilon(T,\lambda)\mathrm{d}\lambda}{\int_{\lambda_1}^{\lambda_2} I_{BB}(T,\lambda)\mathrm{d}\lambda} \tag{2.9}$$

式中：(λ_1,λ_2) 为需要计算的波段；$I_{BB}(T,\lambda)$ 为黑体在温度 T（假定为 20℃）下的发射光谱强度；$\varepsilon(T,\lambda)$ 为温度为 T 时器件的总光谱发射率；λ 为波长。根据基尔霍夫定律，热平衡物体的发射率 $\varepsilon(T,\lambda)$ 等于吸收率 $\alpha(T,\lambda)$，其中 $\alpha(T,\lambda)$ 是在温度为 T 时的总光谱吸收率。对于不透明的红外物体，可以表示为 $100\% - R(T,\lambda)$，其中 $R(T,\lambda)$ 是温度为 T 时器件的总光谱反射率。在本书中，(λ_1,λ_2) 表示为 MWIR（$3\sim5\ \mu m$）或 LWIR（$7.5\sim13\ \mu m$）窗口波段。

第 3 章
基于纳米 Pt 薄膜的可逆 Ag 电沉积器件

纳米金属薄膜在红外波段中以吸收和透射为主,且金属薄膜本身可提供一定的导电性实现金属的沉积。受此启发,本章选用纳米 Pt 薄膜作为可逆电沉积器件的顶电极以实现动态红外调控。主要原因如下:其一,Pt 薄膜是化学惰性的,因此其在可逆 Ag 电沉积器件中不会被溶解,并可作为稳定的电极进行电沉积和溶解;其二,Pt 和 Ag 的晶体结构和晶格常数相近,选择以 Ag 为沉积主体的可逆电沉积体系有利于实现更均匀的金属沉积;其三,纳米 Pt 薄膜在红外波段的吸收和透射可被沉积的 Ag 可逆转变为红外反射,从而实现器件高发射率状态和低发射率状态之间的转变。

3.1 纳米 Pt 薄膜

3.1.1 导电性

Pt 薄膜的导电性对其能否实现有效电沉积有重要影响。若 Pt 薄膜导电性较差,则不能实现电沉积,进而无法实现红外调控。本节中,通过表征不同厚度 Pt 薄膜方阻并测量实现沉积的最小厚度阈值,以筛选适合用于电沉积器件的 Pt 薄膜。首先,使用电子束蒸发系统在抛光 BaF_2 基底上沉积不同厚度的 Pt 薄膜,并用四探针电阻仪测量这一系列 Pt 薄膜的方阻。图 3.1 为纳米 Pt 薄膜方阻和不同厚度 Pt 薄膜电沉积后的光学照片。当蒸发的 Pt 薄膜厚度从 1 nm 增加到 20 nm 时,薄膜的方阻从 12 000 Ω/sq 下降到 18.9 Ω/sq。当 Pt 薄膜厚

基于可逆银电沉积的变红外发射率器件
Variable Infrared Emittance Devices Based on Reversible Silver Electrodeposition

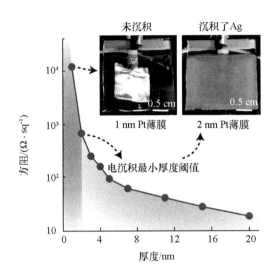

图 3.1　纳米 Pt 薄膜方阻和不同厚度 Pt 薄膜电沉积后的光学照片（见彩插）

度为 1 nm 时，其方阻为 12 000 Ω/sq，此时 Pt 薄膜的导电性较差，可能无法实现有效电沉积。当 Pt 薄膜厚度增加至 2 nm 时，其方阻降低到 678 Ω/sq。由于宏观金属厚度增加 1 倍时其电阻只降低 50%，因此 Pt 薄膜在 1~2 nm 发生了较显著的电逾渗现象，导致薄膜电阻率急剧降低。此时的 Pt 可能满足电沉积所需要的导电性。当 Pt 薄膜厚度超过 3 nm 时，其方阻随薄膜厚度的变化曲线斜率将逐渐平缓。Pt 薄膜的方阻从 3 nm 时的 253 Ω/sq 逐渐降低到 20 nm 时的 18.9 Ω/sq，逐渐接近 Pt 在宏观状态下的导电特性。随着厚度的逐渐增加，Pt 薄膜的导电性虽进一步提高，但其光谱特性可能会逐渐转变为以高反射为主导，进而影响其在可逆 Ag 电沉积系统中的发射率调控范围。

为获得 Pt 薄膜实现沉积的最小厚度阈值，将 Pt 薄膜放入可逆电沉积三电极电解池中并施以沉积电压，同时观察哪一厚度下 Pt 薄膜能实现电沉积。如图 3.1 中插图（左图）所示，施加沉积电压 -2.2 V，沉积时间为 10 s 后，厚度为 1 nm 的 Pt 薄膜上未实现有效沉积。其表面呈现透明状态，且后侧的 Pt 金属片（在三电极电解池中作为对电极）未被沉积物遮挡。相比之下，厚度为 2 nm 的 Pt 薄膜可以进行有效沉积，如图 3.1 中插图（右图）所示。相比于沉积前较透明的状态，其表面呈现出银灰色，其后侧 Pt 金属片则被沉积的 Ag 遮挡。据此推断，2 nm 是所制备 Pt 薄膜中实现 Ag 沉积的最小厚度阈值。

第 3 章
基于纳米 Pt 薄膜的可逆 Ag 电沉积器件

3.1.2 光学特性

金属薄膜在纳米尺度下的光学特性与其在宏观状态下高反射的特性有较大不同。本节中，通过 FTIR 光谱仪对不同厚度 Pt 薄膜在红外波段的透过率、反射率和吸收率进行了表征。

纳米金属薄膜具有较高载流子浓度，其对电磁波具有较强的相互作用，因而其透过率受厚度影响较大。因此，需评估 Pt 薄膜厚度对其红外透过率的影响。图 3.2（a）为不同厚度 Pt 薄膜在 2.5~18 μm 波段内的红外透过率曲线。当 Pt 薄膜的厚度从 0 nm 增加到 11 nm 时，其在 10 μm 处的红外透过率从 94.1% 下降到 5.5%。由此可见，厚度对 Pt 薄膜的红外透过率有很大影响。当 Pt 薄膜厚度超过 11 nm 时，该 Pt/BaF_2 基底几乎处于红外不透明的状态。但同时可注意到，Pt 薄膜厚度不超过 5 nm 时，其红外透过率仍能保持 20% 以上。Pt 薄膜的这部分透过率在组装成器件后能被沉积的 Ag 转化为红外反射，用于发射率调控。

Pt 薄膜在红外波段反射率也受其厚度影响。若 Pt 薄膜较厚，其在红外波段将具有较高反射率，也更接近其宏观状态下的光学特性。但过高的反射率将影响 Pt 薄膜在可逆 Ag 电沉积器件中的反射率调控幅度。图 3.2（b）为不同厚度 Pt 薄膜在 2.5~18 μm 波段内的红外反射率曲线。当 Pt 薄膜的厚度从 0 nm 增加到 11 nm 时，其在 10 μm 处的红外反射率 6.8% 上升至 49.3%。当 Pt 厚度小于 4 nm 时，Pt/BaF_2 基底的红外反射率保持较低水平。但随薄膜厚度增加至 5 nm 以上，其红外反射率明显提升。此时，反射率的提升可能是薄膜内缺陷减少、自由电子屏蔽增强且散射减弱所导致。此外，当 Pt 薄膜厚度为 1 nm 和 2 nm 时，其反射率低于空白 BaF_2 基底的反射率。其主要原因为以下两点。第一，光线入射 Pt/BaF_2 基底时，会在 BaF_2 基底的上下侧产生反射。由于 Pt 薄膜在这一厚度范围内反射率非常低，因而无法增强 BaF_2 基底本身的反射。第二，Pt 薄膜折射率高于 BaF_2 基底，其能在光线入射方向形成折射率逐渐增大的趋势，因而能减少光线在 BaF_2 下侧（Pt 侧）的反射。因此，Pt 薄膜特别薄的时候能在一定程度上减少基底本身的反射。

根据基尔霍夫热辐射定律，物体的总透过率、总反射率和总吸收率之和等于 100%。因此，100% 减去 Pt/BaF_2 基底的总透过率和总反射率可以计算出总吸收率。图 3.2（c）为不同厚度 Pt 薄膜在 2.5~18 μm 波段内的红外吸收率曲线。当 Pt 薄膜厚度超过 1 nm 时，Pt/BaF_2 基底即产生较明显的红外吸收，且当 Pt 薄膜厚度达到 4 nm 和 5 nm 时接近峰值。当 Pt 薄膜厚度超过 5 nm 时，其吸收率开始随 Pt 厚度增加而逐渐降低。此时，Pt 薄膜的反射将取代吸收占据其光谱响应的主导地位。

图 3.2（d）为覆盖了标准金膜的 BaF_2 基底在红外波段的反射率曲线（BaF_2 在光线入射一侧）。由于标准金膜在红外光谱中的反射率为 100%，BaF_2 基底的吸收率可通过公式：BaF_2 基体的总红外吸收率（%）= 100% − 覆盖金膜的 BaF_2 基底的反射率（%）获得。

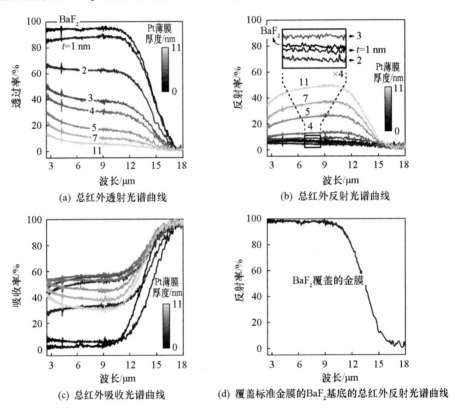

(a) 总红外透射光谱曲线
(b) 总红外反射光谱曲线
(c) 总红外吸收光谱曲线
(d) 覆盖标准金膜的BaF_2基底的总红外反射光谱曲线

图 3.2　Pt/BaF_2 基底在红外波段的光谱响应（见彩插）

第3章
基于纳米 Pt 薄膜的可逆 Ag 电沉积器件

3.1.3 形貌特性

上述光谱曲线显示，在 Pt 薄膜的红外光谱响应中，红外吸收起主导作用。产生这种宽频红外吸收的主要原因包括：其一，异质界面（比如 BaF_2 基底）上沉积的 Pt 薄膜会经历岛状（Volmer-Weber）生长模式，此种生长模式会致使纳米 Pt 薄膜产生较多纳米和亚纳米尺度的缺陷和边界；其二，这类缺陷和边界将会增强 Pt 薄膜内部自由电子散射，造成其对电磁波反射的减弱；其三，增强的自由电子散射将造成自由电子运动模态增加，并导致 Pt 薄膜与电磁波间的相互作用增强，显示出宽波段吸收特性。

如图 3.3 所示，在 Volmer-Weber 生长模式中，金属原子与异质基底表面间的相互作用弱于金属原子间的相互作用，金属原子在异质表面更易于形成离散的原子簇。这些团簇的生长同时伴随着晶粒的粗化与桥连，并致使基底表面形成具有纳米级或亚纳米级缺陷的逾渗金属薄膜。从高倍 SEM 图（Pt 薄膜厚度为 4 nm，基底为 BaF_2）可以看出，Pt 薄膜在逾渗阶段展现出由纳米尺度且紧密排布的 Pt 原子簇所形成的微观形貌。这些纳米尺度的缺陷与边界使 Pt 薄膜对自由电子的散射增强，从而展现出纳米 Pt 薄膜以吸收为主导的光学特性。

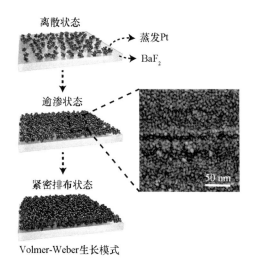

图 3.3　异质表面上金属 Volmer-Weber 生长示意图和 Pt/BaF_2 基底 SEM 图像

3.1.4 基底粗糙度

基底粗糙度会对 Pt 薄膜的导电性和光学特性产生较大影响。若基底表面粗糙度较大，Pt 将较难形成连续且导电的薄膜。抛光 BaF$_2$ 基底和 3 nm Pt/BaF$_2$ 基底的表面粗糙度如图 3.4 所示。从图中可以看出，抛光 BaF$_2$ 基底表面存在数量较多因机械抛光过程留有的轻微划痕，其均方根粗糙度为 3.87 nm；Pt/BaF$_2$ 基底显示出更平整的表面，其均方根粗糙度为 3.24 nm。因此，蒸镀的 Pt 薄膜使 BaF$_2$ 表面变得更为光滑。

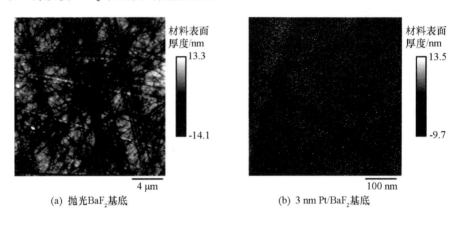

(a) 抛光 BaF$_2$ 基底　　　　　(b) 3 nm Pt/BaF$_2$ 基底

图 3.4　表面原子力显微镜图（见彩插）

与上述 SEM 图像不同之处在于，原子力显微镜难以分辨 BaF$_2$ 基底上 Pt 薄膜的细微缺陷。其原因如下：其一，抛光 BaF$_2$ 基底表面本身并非完全平整，机械抛光导致的划痕影响探测精度；其二，空气中的水分子较易吸附至基底表面纳米和亚纳米尺度缺陷，并对原子力显微镜探头精度产生一定影响；其三，纳米 Pt 薄膜本身的缺陷尺度较小，原子力显微镜较难分辨出高倍数的表面形貌。

3.1.5 纳米 Pt 薄膜与宏观 Pt 的自由电子平均散射时间比

与宏观金属相比，纳米金属薄膜的微观缺陷更多，在单位时间内，自由电子在其内部碰撞的概率更大，即被散射的概率更大。因此，可通过对比纳

第3章
基于纳米 Pt 薄膜的可逆 Ag 电沉积器件

米 Pt 薄膜与宏观 Pt 间自由电子平均散射时间长短,即电子单次碰撞所需的平均时间,以判断 Pt 薄膜内阻碍自由电子运动的缺陷密度。自由电子散射时间越短,则 Pt 薄膜内缺陷密度越大。经典 Drude 模型:

$$\tau = \frac{m}{\rho n e^2} \tag{3.1}$$

式中:τ 为自由电子散射时间;m 为自由电子质量;ρ 为材料电阻率;n 为材料载流子浓度;e 为电荷数。可以看出,自由电子散射时间 τ 与电阻率 ρ 成反比。

Pt 薄膜的电阻率 ρ 可以从其方阻值获得,宏观 Pt 的电阻率 ρ 为固定值 $1.05 \times 10^{-7}\ \Omega \cdot m$。因此,纳米 Pt 薄膜与宏观 Pt 的自由电子平均散射时间比 (τ_{bulk}/τ) 可通过两者电阻率的倒数算出。

当 Pt 厚度为 2 nm 时,Pt 薄膜自由电子散射时间高于宏观 Pt 一至两个数量级,如图 3.5 所示。此时的 Pt 薄膜导电性不佳,存在较多缺陷,其自由电子的平均散射时间较长。当 Pt 厚度≥3 nm 时,宏观 Pt 自由电子散射时间大于其 Pt 薄膜数据数倍。这表明 Pt 薄膜此时具有一定的导电性,但其自由电子平均散射时间仍明显短于宏观 Pt(即在内部的碰撞概率更大),因而 Pt 薄膜对电磁波表现出较强的吸收特性。

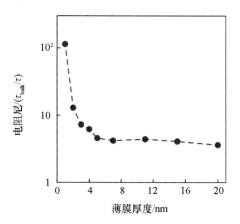

图 3.5 纳米 Pt 薄膜与宏观 Pt 自由电子平均散射时间比

3.1.6 BaF₂ 基底的减反作用

FTIR 光谱测试中发现，光线分别从 Pt/BaF₂ 基底的 Pt 侧和 BaF₂ 侧入射时的红外反射率有较大差异。图 3.6 为红外光源分别从 Pt/BaF₂ 基底两侧入射时的反射率曲线。从图中可以看出，BaF₂ 侧反射率普遍低于 Pt 侧反射率，且随 Pt 薄膜厚度的增加，Pt/BaF₂ 两侧反射率差值略有增加。这一现象的原因可能是作为红外透明的 BaF₂ 基底对纳米 Pt 薄膜产生了一定减反作用。

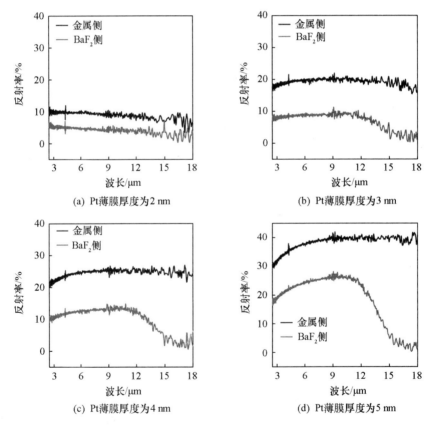

图 3.6 Pt/BaF₂ 基底不同侧红外反射光谱曲线对比图（见彩插）

为获得两侧反射率差值精确数据，图 3.7 中计算了 Pt/BaF₂ 基底两侧在

第3章
基于纳米 Pt 薄膜的可逆 Ag 电沉积器件

3~14 μm 波段范围内的平均反射率。两侧平均反射率差值随 Pt 厚度的增加分别为 4.7%（2 nm），11.1%（3 nm），12.6%（4 nm）和 15%（5 nm）。

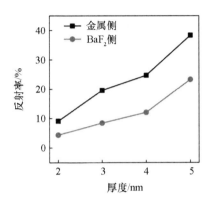

图 3.7 Pt/BaF$_2$ 基底不同侧红外反射率对比

根据上述现象，推测 Pt/BaF$_2$ 基底不同侧红外反射率差值是由 BaF$_2$ 基底在红外波段较低折射率导致的减反作用造成的。为验证这一猜想，通过红外椭偏仪测量了 BaF$_2$ 基底在 1.5~30 μm 波段范围内的光学常数，如图 3.8（a）所示。其折射率 n 和消光系数 k 根据红外椭偏仪测量的实验数据（ψ 和 Δ）拟合所得。由图可知，BaF$_2$ 基底在 3~14 μm 波段范围内的平均折射率为 1.4。此外，BaF$_2$ 基底在 15 μm 前的消光系数非常小，这解释了 BaF$_2$ 在红外窗口范围内具有高透明性的原因。

图 3.8（b）为 Pt 薄膜的光学常数（根据文献中的 Lorentz-Drude 模型获得）[111]。由图可知，Pt 薄膜的折射率 n 从 2 μm 处的 5.27 降低至 3.3 μm 处的 3.03，随后上升至 12 μm 处的 15.8。Pt 薄膜在 2~12 μm 波段范围内的平均折射率大于 3，高于 BaF$_2$ 基底和空气的折射率。Pt 薄膜在 2~12 μm 波段范围内的消光系数较高，这从光学常数角度说明 Pt 薄膜在这一波段范围内不透明的原因。

根据上述光学常数信息可知，当红外光线从 Pt/BaF$_2$ 基底的 BaF$_2$ 侧入射时，光线将从折射率较低的空气（$n \approx 1$）进入折射率较高的 BaF$_2$ 基底（$n \approx 1.4$），并最终进入折射率更高的 Pt 薄膜（$n > 3$）。如图 3.9 所示，当光线从 BaF$_2$ 侧入射时，Pt/BaF$_2$ 基底在光线入射方向形成一定折射率梯度，使得 Pt 薄膜与空气之间的折射率更为匹配。更好的折射率匹配导致光线在 Pt 薄膜表面的反射减少。

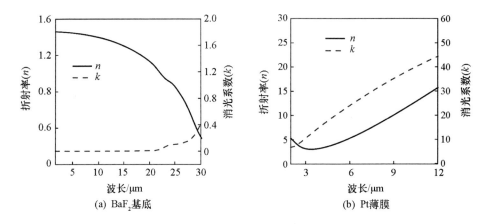

图3.8 BaF$_2$基底和Pt薄膜在红外波段光学常数（n, k）

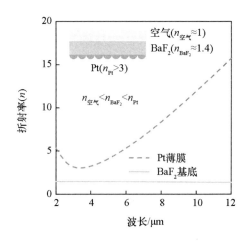

图3.9 BaF$_2$基底和Pt薄膜红外光谱折射率对比图

3.1.7 Pt/BaF$_2$基底的最大发射率调控范围

电沉积的Ag可以将Pt薄膜在红外波段的透射和吸收转化为红外反射，从而实现动态红外调控。为获得在电沉积器件中Pt/BaF$_2$基底的最大发射率调控范围，计算了Pt/BaF$_2$基底在3～14 μm波段范围内的平均红外透过率

(T%)、平均红外反射率（R%）、Pt 薄膜的平均红外吸收率（PA%）和 BaF$_2$ 基底的平均红外吸收率（SA%）占其总光谱响应的比例，如图 3.10 所示。

从图中可以看出，Pt/BaF$_2$ 基底中 BaF$_2$ 基底的红外吸收率始终保持不变，Pt 薄膜的红外吸收率从 Pt 厚度为 2 nm 时的 24.5% 上升到 Pt 厚度为 5 nm 时的 48.2%。Pt/BaF$_2$ 基底的平均红外透过率从 Pt 厚度为 1 nm 时的 84.6% 下降到 Pt 厚度为 11 nm 时的 6.1%。其平均红外反射率从 Pt 厚度为 1 nm 时的 5.8% 上升到 Pt 厚度为 11 nm 时的 43.8%。由于 Pt/BaF$_2$ 基底的 R% 和 SA% 部分在可逆 Ag 电沉积器件中无法用于发射率调控，PA% 和 T% 部分则可被沉积的金属转变为红外反射。因而，Pt/BaF$_2$ 基底的最大发射率调控范围可通过 PA% 和 T% 相加获得，分别为 84.8%（2 nm），80.7%（3 nm），77.1%（4 nm）和 65.9%（5 nm）。

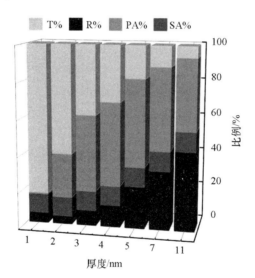

图 3.10　Pt/BaF$_2$ 基底在 3~14 μm 波段范围内光谱响应百分比图（见彩插）

3.1.8　动态光学特性

以 Pt 厚度为 3 nm 的 Pt/BaF$_2$ 基底为代表，测量纳米 Pt 薄膜在三电极电解池中的最大发射率调控范围。如图 3.11 所示，在 -2.2 V 的沉积电压下沉积

15 s 后，3 nm Pt/BaF$_2$ 基底在 3～14 μm 波段范围内的平均红外反射率从一开始（0 s）的 8.4% 提高到沉积 15 s 后的 83.1%，其反射率非常接近覆盖标准金膜的 BaF$_2$ 基底的反射率（89.1%）。这表明在 Pt 薄膜上沉积的金属膜与标准金膜之间的反射率差值仅为 6%。标准金膜为理想反射体，即 Pt 薄膜 PA% 和 T% 部分被完全转变为红外反射时，其反射率可以达到 89.1%。基于此，3 nm Pt/BaF$_2$ 基底最大发射率调控范围（80.7%）中的 92.5% 可被用于动态红外调控。计算公式如下：

$$\frac{沉积后反射率 - 沉积前反射率}{最大发射率调控范围（PA\% + T\%）} = \frac{83.1\% - 8.4\%}{80.7\%} = 92.5\% \quad (3.2)$$

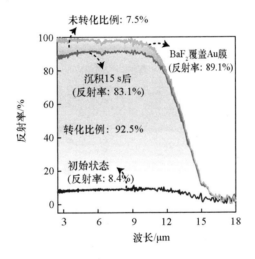

图 3.11　3 nm Pt/BaF$_2$ 基底在三电极系统中电沉积前后的总红外反射曲线（见彩插）

3.1.9　沉积均匀性

为进一步探究 3 nm Pt/BaF$_2$ 基底在沉积后的高反射率，这里比较了 ITO 电极（方阻为 14 Ω/sq）上电沉积 Ag 和 3 nm Pt 薄膜上电沉积 Ag 的表面形貌（分别在三电极系统中以 -2.2 V 电沉积 15 s），如图 3.12 所示。

从图 3.12（a）中可以看出，ITO 电极上沉积的 Ag 颗粒较大，且颗粒与颗粒之间有较大的空隙。ITO 电极上 Ag 沉积不均匀的原因如下：其一，Ag 和 ITO 电极间的晶体结构不同且两者晶格常数差距较大，导致电沉积的 Ag 无法

第3章 基于纳米 Pt 薄膜的可逆 Ag 电沉积器件

在晶格匹配较差的 ITO 电极表面均匀形核，进而形成不均匀的 Ag 沉积层；其二，ITO 电极由氧化锡（SnO）晶格中掺杂铟（In）制备而成，其表面可能存在未掺杂 In 的区域或掺杂 In 浓度分布不均匀，因而其表面本身具有一定的导电不均匀性，促使 Ag 在其表面无法均匀形核。

从图 3.12（b）中可以看出，3 nm Pt 薄膜上沉积的 Ag 呈现出较好均匀性和致密性，且沉积物晶粒尺寸较小。Pt 薄膜上 Ag 沉积更均匀的原因如下：Pt 和 Ag 晶体结构一致，均呈面心立方结构（FCC），且两者晶格常数接近，使得 Ag 在 Pt 表面的非均相成核势垒较小。正由于 Ag 在 Pt 薄膜表面能形成均匀且致密的金属膜，沉积的 Ag 得以在较短时间内（15 s 之内）将红外反射率仅为 8.4% 的 3 nm Pt/BaF_2 基底转变为具有高红外反射率的金属膜（83.1%）。

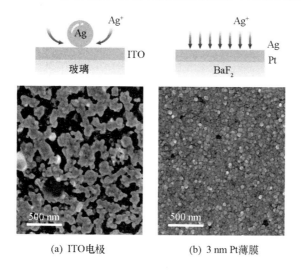

(a) ITO 电极 (b) 3 nm Pt 薄膜

图 3.12 ITO 电极和 3 nm Pt 薄膜上电沉积 Ag 的示意图和表面形貌对比图（见彩插）

电导率越高，导电基底表面沉积的金属越均匀。ITO 电极的方阻为 14 Ω/sq，3 nm Pt 薄膜的方阻为 253 Ω/sq，因为 ITO 电极导电性更好，所以其易获得均匀的沉积物。然而，图 3.12 的 SEM 结果表明电导率并不是实现均匀沉积的唯一要素，界面间的晶格匹配程度可能更为重要。

ITO 和 Pt 两者之间的晶格差异可能是两者上 Ag 沉积均匀性差异所致，图 3.13 通过掠入射 X 射线衍射（GIXRD）表征了 ITO 电极、Pt 薄膜和沉积的 Ag 三者晶体结构和晶格常数等信息。GIXRD 技术采用小角度掠入射技术，可

基于可逆银电沉积的变红外发射率器件
Variable Infrared Emittance Devices Based on Reversible Silver Electrodeposition

精确获得各类薄膜的衍射信息,并几乎不受基底 XRD 信号的影响。本实验中发现 3 nm Pt 薄膜太薄无法获得有效 XRD 信号,因此采用 20 nm Pt 薄膜作为代表进行 Pt 薄膜的 GIXRD 表征。

根据图 3.13(a)中衍射图案,ITO 电极为方铁矿结构,其空间群为 206,$Ia\bar{3}$,晶格参数为 10.117Å。每个 ITO 立方晶胞中包含 16 个化学单位式,且每个晶胞由 80 个原子组成。

根据图 3.13(b)~(c)中衍射图案,Pt 薄膜和沉积的 Ag 均为 FCC 结构,两者晶格参数分别为 3.912 Å 和 4.09 Å。得出,ITO 和 Ag 之间的晶格失配率为 δ≈59.6%,Pt 和 Ag 之间的晶格失配率为 δ≈4.5%,表明 Pt 薄膜与电沉积 Ag 之间形成连续界面时能量更低[48,112,113]。

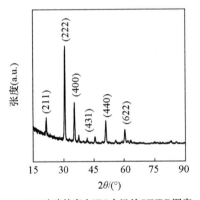

(a) 玻璃基底上ITO电极的GIXRD图案

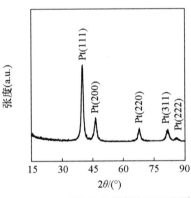

(b) 20 nm的Pt/BaF$_2$基底的GIXRD图案

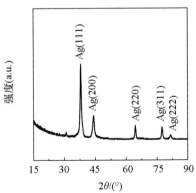

(c) 3 nm Pt/BaF$_2$基底电沉积Ag后的GIXRD图案

图 3.13 不同表面 GIXRD 图案

3.1.10 元素成分

为表征 3 nm Pt/BaF_2 基底上沉积前后元素比例的变化,对该 Pt/BaF_2 基底在三电极电解池中沉积前后(-2.2 V 沉积 15 s)的表面元素进行了能量色散光谱(EDS)表征,分别如图 3.14 和图 3.15 所示。从图 3.14 中可以看出,3 nm Pt/BaF_2 基底主要含有碳(C)、氟(F)、钡(Ba)和 Pt 这四种元素,原子百分比分别为 14.11%(C 元素)、42.64%(F 元素)、40.49%(Ba 元素)和 2.29%(Pt 元素)。

由于进行 EDS 表征时,使用碳导电胶来固定样品,推测 EDS 显示的 C 元素信号可能来自碳导电胶的挥发物。Fe 元素探测量极少(0.46%),可能是 EDS 仪器产生的测量误差或 BaF_2 基底本身含有微量 Fe 杂质。

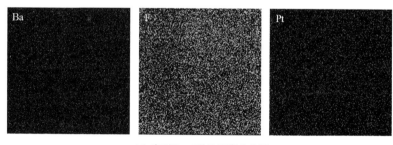

(a) 表面 Ba、F 和 Pt 元素分布图

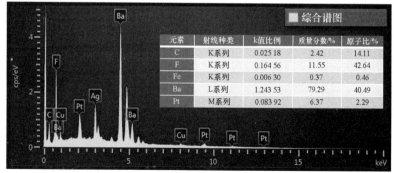

(b) 能谱图和元素百分比图

图 3.14　3 nm Pt/BaF_2 基底表面 EDS 表征(见彩插)

从图 3.15 中可以看出，该 Pt/BaF$_2$ 基底在三电极电解池中电沉积 15 s 后主要含有 C、F、铜（Cu）、Ag、Ba 和 Pt 六种元素，原子百分比分别为 18.16%（C 元素）、28.75%（F 元素）、1.32%（Cu 元素）、8.40%（Ag 元素）、40.32%（Ba 元素）和 3.05%（Pt 元素）。

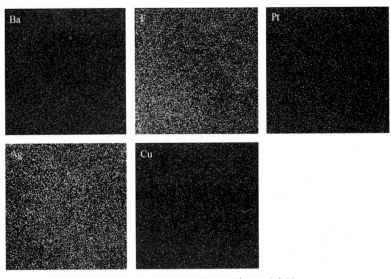

(a) Ba、F、Pt、Ag 和 Cu 元素 EDS 分布图

元素	射线种类	k 值比例	质量分数/%	原子比/%
C	K 系列	0.028 96	2.77	18.16
F	K 系列	0.081 43	6.93	28.75
Cu	K 系列	0.018 29	1.07	1.32
Ag	L 系列	0.178 78	11.48	8.40
Ba	L 系列	1.060 18	70.21	40.32
Pt	M 系列	0.098 67	7.55	3.05

(b) 能谱图和元素百分比图

图 3.15　三电极体系中 3 nm Pt/BaF$_2$ 基底电沉积 15 s 后表面 EDS 表征（见彩插）

由于在进行 EDS 表征前，Pt/BaF$_2$ 基底在以 DMSO 为溶剂的电解质中施行电沉积，并在沉积完成后，进行了多次清洗，因此，EDS 所探测出的 C 元素

信号可能来自残留在样品表面的电解质;Cu 元素信号可能来自有机电解液中电化学调节剂 $CuCl_2$ 的 Cu^{2+} 残留信号,也可能是少量 Cu^{2+} 被还原成单质 Cu 或 Cu^+(一价)后产生的信号。

3.1.11 循环性能

上述实验证明在电解池中沉积的 Ag 在首次沉积中能显著提升 Pt 薄膜的红外反射率,但需进一步验证 Pt 薄膜在电解池中的循环可逆性。若沉积的 Ag 无法再次溶解,或 Pt 薄膜在多次沉积和溶解中出现破坏,其在可逆 Ag 电沉积器件中将难以实现可逆的调控或多次循环。

基于此,对 3 nm Pt/BaF_2 基底在电解池中的循环性能进行了初步测试,结果如图 3.16(a)所示。在该三电极体系中,选用的对电极和参比电极分别为 Pt 金属片(1 cm×1 cm)和 Pt 线(2 cm),其目的是防止电解液对普通对电极(不锈钢片或者石墨片)和普通参比电极(银丝或饱和甘汞电极)的腐蚀与破坏。由图可知,3 nm Pt/BaF_2 基底在前六次恒电压沉积(−2.2 V,8 s)和恒电压溶解(+0.8 V,20 s)循环时,其电流随时间的变化曲线均保持较高一致性。由此推断,沉积的 Ag 在溶解电压下能快速溶解,且能被再次沉积至 Pt 薄膜表面。该实验初步表明 Pt/BaF_2 基底在电解池中具有较好可逆性和循环稳定性。

此外,在电沉积体系中,可通过库伦效率大致判断该体系的循环性能,即溶解和沉积过程中的电荷量比值。若两者比值相近,则该体系沉积和溶解过程中使用的电荷量基本一致。

通过恒电压循环过程中电流−时间曲线计算出该 Pt/BaF_2 基底在每次循环过程中的库伦效率,如图 3.16(b)所示。由图可知,在多次循环过程中,该 Pt/BaF_2 基底库伦效率均超过 100%。这表明,沉积和溶解过程中的电荷量基本保持一致,且溶解过程中的电荷量略微高于沉积过程中的电荷量。原因可能是电解质中作为电化学调制剂的 Cu^{2+} 在电溶解过程中被部分还原成 Cu^+(一价)或单质 Cu。

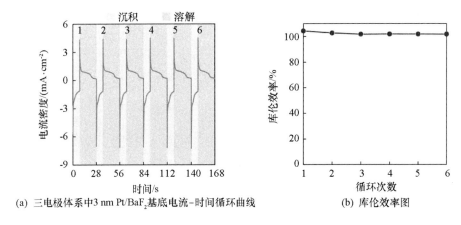

(a) 三电极体系中3 nm Pt/BaF₂基底电流-时间循环曲线　　(b) 库伦效率图

图3.16　3 nm Pt/BaF₂基底循环性能和库伦效率（见彩插）

3.1.12　组装器件后的红外光谱变化

对凝胶电解质在红外波段的特性进行表征。凝胶电解质主体由聚合物与溶剂 DMSO 构成，在红外波段具有较强吸收特性。如图 3.17 所示，将 30 μm 厚凝胶电解质夹于两片 BaF₂ 基底间并测量其红外透射光谱。由光谱曲线可

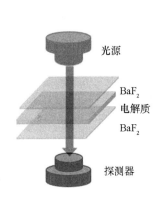

(a) 凝胶电解质红外透射测试示意图

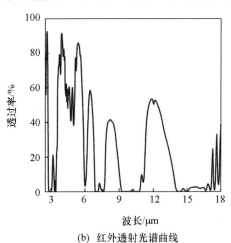

(b) 红外透射光谱曲线

图3.17　凝胶电解质红外光谱测量

知,该凝胶电解质在 2.5~18 μm 波段范围内出现大量强吸收峰。例如,在 3 μm、7 μm、9~11 μm 和 15~18 μm 处,由于吸收峰的存在,其透过率均降低至接近 0。

然后,将不同 Pt 厚度的 Pt/BaF$_2$ 基底组装成器件。如图 3.18(a)所示,Pt/BaF$_2$ 基底组装成器件后,其红外透过率曲线几乎变为 0。实验表明,器件在 2.5~18 μm 波段范围内无法透过红外辐射。

除验证器件透过率变化外,同时也验证了 Pt/BaF$_2$ 基底被组装到器件后其初始红外反射率是否受凝胶电解质或对电极的影响。如图 3.18(b)所示,具有不同 Pt 厚度的 Pt/BaF$_2$ 基底在组装成器件后,其红外反射光谱曲线相比于图 3.2(b)中不同 Pt 厚度 Pt/BaF$_2$ 基底反射光谱曲线仅有少量上升,平均反射率增幅不超过 5%。考虑到上述器件在红外波段的总光谱只由透射、反射和吸收三部分组成,因此在透过率降为零且反射率没有明显增加时,可认为 Pt/BaF$_2$ 基底的红外透射部分在组装器件后基本被电解质层吸收,而不会被对电极 PET - ITO 层反射。

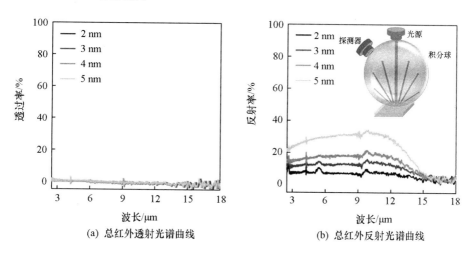

(a) 总红外透射光谱曲线　　(b) 总红外反射光谱曲线

图 3.18　不同 Pt 厚度薄膜组装入器件后的红外光谱变化（见彩插）

基于可逆银电沉积的变红外发射率器件
Variable Infrared Emittance Devices Based on Reversible Silver Electrodeposition

3.2 器件的动态红外特性

上节分析了纳米 Pt 薄膜在三电极电解池中的红外特性，本节主要探讨纳米 Pt 薄膜组装入器件后的动态红外特性。首先，通过多种手段，表征了 Pt 薄膜厚度、沉积电压对器件表观温度变化速度、变化范围、变化均匀性等性能的影响。其次，通过施加保护电流的方式提升了器件的中间态维持时间。最后，通过施加保护电流，测量了器件实时红外光谱曲线和发射率调控范围。

3.2.1 器件的结构

如图 3.19 所示，Pt/BaF_2 基底为器件的顶电极，PET‑ITO 为器件的底电极，并在两个电极之间填充可逆 Ag 电沉积凝胶电解质。当器件处于初始状态时（即未进行 Ag 的沉积时），器件展现出高发射率状态，能有效将底部热源的热量辐射出去。当 Ag 沉积到 Pt 薄膜后，致密金属膜有效反射并抑制红外辐射，器件展现出低发射率状态，显示出比自身实际温度更低的表观温度。

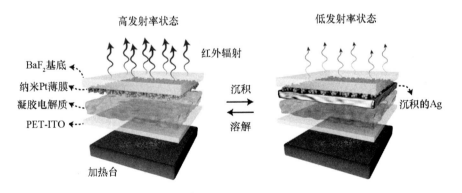

图 3.19 基于纳米 Pt 薄膜的器件动态红外调控示意图（见彩插）

第3章
基于纳米 Pt 薄膜的可逆 Ag 电沉积器件

3.2.2 LWIR 相机下的动态红外特性

由于大气中气体分子对 LWIR 波段（7.5~13 μm）的红外辐射具有较少吸收，红外辐射在此波段内可透过大气，基于此，LWIR 波段可用于实时监测目标物体表观温度和红外辐射强度。

本节主要探索基于纳米 Pt 薄膜的器件在 LWIR 波段内的动态红外特性。其一，通过 LWIR 相机观察 Pt 薄膜厚度对器件动态红外性能的影响。其二，通过 LWIR 相机观察特定 Pt 薄膜厚度下，器件在不同沉积电压下的动态红外特性。

3.2.2.1 基于 2 nm Pt 薄膜器件的动态红外特性

由 3.1.1 节可知，所制备的 Pt 薄膜只有在厚度为 2 nm 时才能实现有效电沉积。因此，选择 2 nm Pt/BaF_2 薄膜作为器件的顶电极以观察器件在这一 Pt 厚度下的性能。如图 3.20 所示，将基于 2 nm Pt 薄膜所组装的器件放置于 50℃加热台上，并通过电化学工作站在 Pt 侧依次施加 −1.5 V、−2.0 V、−2.2 V 和 −2.5 V 的沉积电压。从热像图可以看出，随沉积电压从 −1.5 V 增大到 −2.5 V，该器件表观温度下降速度将越来越快。而且，随沉积电压的增加，其表观温度变化均匀性也会得到一定提升。此外，除沉积电压为 −1.5 V 外，器件的表观温度变化范围（沉积时间为 10 s）在 −2.0 V 至 −2.5 V 之间均较为接近。总体来看，基于 2 nm Pt 薄膜所组装的器件在这四个沉积电压条件下均无法实现较好的变化均匀性。主要原因为 2 nm Pt 薄膜方阻较高（678 Ω/sq），当沉积电压过低时，该器件中心处在沉积初期无法获得足够沉积电压，需待沉积的 Ag 将四周包围后才能获得足够电压驱动中心部位电沉积。

由此看出当 Pt 薄膜厚度较薄时，器件无法实现均匀电沉积，并在红外相机下表现出不均匀的表观温度变化。此外，沉积电压提升能抵消部分由方阻较大带来的影响，对器件表观温度变化均匀性有一定提升作用。

基于可逆银电沉积的变红外发射率器件
Variable Infrared Emittance Devices Based on Reversible Silver Electrodeposition

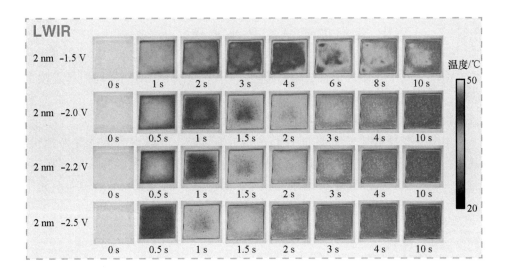

图 3.20　基于 2 nm Pt 薄膜的器件在不同沉积电压下的实时 LWIR 图像（见彩插）

　　为精确评估器件的表观温度变化速度、变化范围、变化均匀性，通过软件获取了器件中心和边缘处表观温度随沉积时间的变化曲线，如图 3.21 所示。如图 3.21（a）所示，在 -1.5 V 的沉积电压下，该器件边缘处表观温度与其中心处表观温度差异较大。而且随沉积时间的增加，两者之间的温差渐增。由此推断，器件在 -1.5 V 沉积电压下，沉积的金属首先会在器件边缘处实现沉积，其中心处沉积速度则显著低于其边缘处。从图 3.21（b）～（d）可以观察出以下几点。其一，在 -2.0 V 至 -2.5 V 沉积电压之间，器件表观温度变化范围较一致。在沉积 10 s 后，其中心处降温幅度分别为 20.8℃（-2.0 V）、21.0℃（-2.2 V）和 21.6℃（-2.5 V）。其二，器件温度变化曲线斜率随沉积电压增加而逐渐变大，因此温度变化速度也会愈发加快。其三，随沉积时间的增加，器件中心和边缘处表观温度变化曲线逐渐趋于重合。

第3章
基于纳米 Pt 薄膜的可逆 Ag 电沉积器件

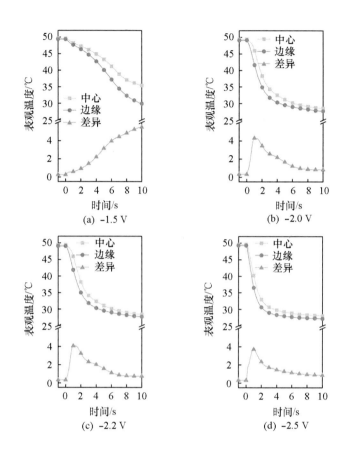

图 3.21 基于 2 nm Pt 薄膜的器件中心和边缘处表观温度变化曲线

3.2.2.2 基于 3 nm Pt 薄膜器件的动态红外特性

图 3.22 是基于 3 nm Pt 薄膜器件的实时 LWIR 图像。由于 3 nm Pt 薄膜的方阻（253 Ω/sq）比 2 nm Pt 薄膜（678 Ω/sq）下降较多，因此器件中心处在刚开始沉积时就能获得足够的沉积电压，以驱使 Ag 均匀沉积到 Pt 薄膜表面，主要结果如下：随沉积电压从 -1.5 V 增大到 -2.5 V，相比基于 2 nm Pt 薄膜的器件，其表观温度下降速度更快，变化均匀性更优，但变化幅度略有缩减。随沉积电压上升至 -2.0 V 或以上，器件表观温度变化变得十分均匀。器件表观温度变化在沉积电压为 -2.2 V 时，比 -2.0 V 和 -2.5 V 时更加均匀。

基于可逆银电沉积的变红外发射率器件
Variable Infrared Emittance Devices Based on Reversible Silver Electrodeposition

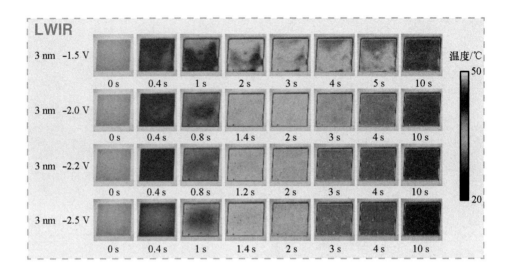

图 3.22　基于 3 nm Pt 薄膜的器件在不同沉积电压下的实时 LWIR 图像（见彩插）

如图 3.23 所示，通过对比器件中心和边缘处表观温度的变化曲线，获取的主要信息如下：基于 3 nm Pt 薄膜的器件在 -1.5 V 沉积电压下较难获得均匀的表观温度变化。随沉积电压增加至 -2.0 V 或以上，器件中心和边缘处表观温度随沉积时间变化的两条曲线几乎重合，表明沉积电压为 -2.0 ~ -2.5 V 时，基于 3 nm Pt 薄膜的器件能获得较好的表观温度变化均匀性。器件表观温度变化范围较一致，范围略小于基于 2 nm Pt 薄膜的器件。在沉积 10 s 后，其中心处降温幅度分别为 20.6℃（-1.5 V）、20.2℃（-2.0 V）、20.2℃（-2.2 V）和 19.8℃（-2.5 V）。另外，器件在沉积电压为 -2.0 V 至 -2.5 V 的范围内均具有较好的表观温度变化均匀性，并在 -2.2 V 时处于最佳状态。

第 3 章
基于纳米 Pt 薄膜的可逆 Ag 电沉积器件

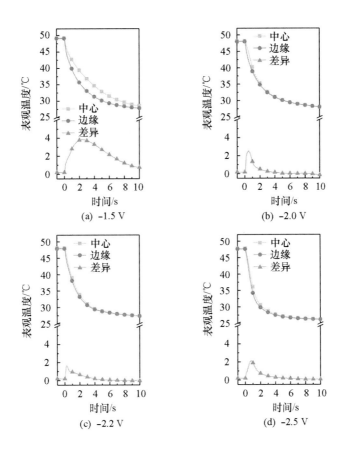

图 3.23　基于 3 nm Pt 薄膜的器件中心和边缘处表观温度变化曲线

3.2.2.3　基于 4 nm Pt 薄膜器件的动态红外特性

图 3.24 为基于 4 nm Pt 薄膜器件的实时 LWIR 图像。从图中可以看出，当沉积电压超过 −2.0 V 时，器件的表观温度变化均匀性即达到较高水平。当沉积电压为 −2.0 ~ −2.5 V 时，器件表观温度下降速度几乎一致。相比于基于 3 nm Pt 薄膜的器件，其表观温度变化范围进一步缩减。此外，器件在沉积电压为 −2.5 V 时比 −2.0 V 和 −2.2 V 时具有更好的表观温度变化均匀性。

基于可逆银电沉积的变红外发射率器件
Variable Infrared Emittance Devices Based on Reversible Silver Electrodeposition

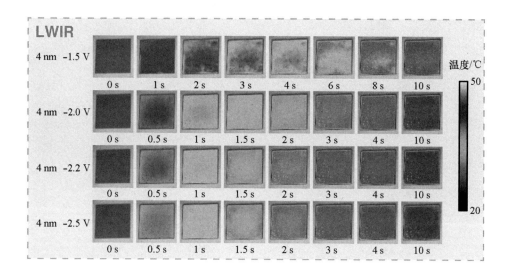

图 3.24　基于 4 nm Pt 薄膜的器件在不同沉积电压下的实时 LWIR 图像（见彩插）

同样，从热像图中获取了器件中心和边缘处表观温度的变化曲线，如图 3.25 所示。可知，基于 4 nm Pt 薄膜的器件在 -1.5 V 沉积电压下较难获得均匀的表观温度变化。随沉积电压升高至 -2.0 V 或以上，器件中心和边缘处表观温度变化曲线几乎完全重合。这证明 Pt 厚度越厚，器件的表观温度变化也将更加均匀。与上述基于 2 nm 和 3 nm Pt 薄膜的器件相比，基于 4 nm Pt 薄膜的器件表观温度变化范围进一步缩减。在沉积 10 s 后，其中心处降温幅度分别为 15.3℃（-1.5 V）、17.9℃（-2.0 V）、18.0℃（-2.2 V）和 18.3℃（-2.5 V）。

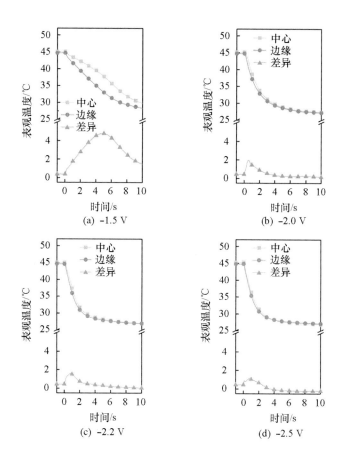

图 3.25 基于 4 nm Pt 薄膜的器件中心和边缘处表观温度变化曲线

3.2.2.4 基于 5 nm Pt 薄膜器件的动态红外特性

5 nm Pt 薄膜是本实验用于组装器件中最厚的 Pt 薄膜,方阻为 95.6 Ω/sq,具有更好的导电性。根据 3.1.2 节中的光谱数据,Pt 薄膜越厚,基于其组装的器件发射率调控范围越小。因此,如图 3.26 所示,基于 5 nm Pt 薄膜的器件由于具有更好的导电性,在四个电压下均能保持良好表观温度变化均匀性,但其变化范围也随之进一步缩减。

基于可逆银电沉积的变红外发射率器件
Variable Infrared Emittance Devices Based on Reversible Silver Electrodeposition

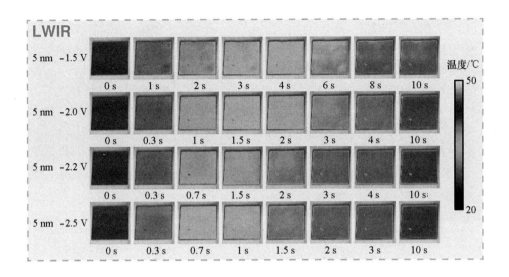

图 3.26　基于 5 nm Pt 薄膜的器件在不同沉积电压下的实时 LWIR 图像（见彩插）

从图 3.27 中可获得如下信息。其一，基于 5 nm Pt 薄膜的器件在 -1.5 V 沉积电压下可实现较均匀的表观温度变化。这证明导电性的进一步增加能使器件在更低电压下实现均匀沉积和表观温度变化。其二，在沉积电压为 -1.5 ~ -2.5 V 时，器件中心和边缘处表观温度随沉积时间的变化曲线几乎重合。其三，与上述三个器件相比，该器件表观温度变化范围进一步缩减。在沉积 10 s 后，其中心处降温幅度分别为 15.3℃（-1.5 V）、15.2℃（-2.0 V）、15.3℃（-2.2 V）和 15.2℃（-2.5 V）。这表明虽然 Pt 厚度增加可带来更好的导电性和更好的温度变化均匀性，但同时也会带来更窄的发射率调控范围。其四，当 Pt 薄膜厚度为 5 nm 时，器件在沉积电压为 -1.5 ~ -2.5 V 时具有较好的表观温度变化均匀性。

第3章
基于纳米 Pt 薄膜的可逆 Ag 电沉积器件

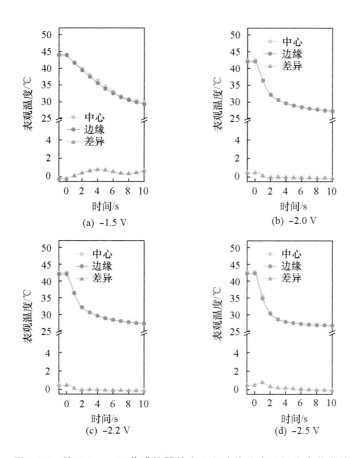

图 3.27　基于 5 nm Pt 薄膜的器件中心和边缘处表观温度变化曲线

3.2.2.5　表观温度变化均匀性对比

为了解 Pt 薄膜厚度对上述器件表观温度变化均匀性影响，对比了上述四个器件在 -2.2 V 沉积电压下中心和边缘处表观温度差值（$\Delta AT_{中心-边缘}$），如图 3.28 所示。若器件 $\Delta AT_{中心-边缘}$ 越接近 0℃，则器件表观温度变化均匀性就越好。反之，若器件 $\Delta AT_{中心-边缘}$ 越偏离 0℃，则器件中心和边缘处表观温度差距越大。

如图 3.28 所示，基于不同厚度 Pt 薄膜的器件分别命名为器件 - 2 (2 nm)、器件 - 3 (3 nm)、器件 - 4 (4 nm) 和器件 - 5 (5 nm)。由图可知，除 Pt 厚度为 2 nm 的器件 - 2 外，其余器件在 10 s 的电沉积过程中 $\Delta AT_{中心-边缘}$ 均小于 2℃，越到沉积后期其值越接近 0℃。而且，随 Pt 薄膜厚度增加，器件的 $\Delta AT_{中心-边缘}$ 曲线将愈发平整，其整体也越接近 0℃。此外，器件 $\Delta AT_{中心-边缘}$ 曲线起伏区域均出现于沉积前期，即沉积时间不大于 1 s 时。

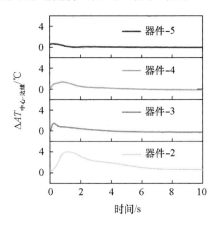

图 3.28 -2.2 V 沉积电压下器件中心和边缘处表观温度差值变化曲线

由上述观察可知，当 Pt 厚度≥3 nm 时，器件在 -2.2 V 下即可实现均匀沉积并表现出均匀的表观温度变化，而且器件的 $\Delta AT_{中心-边缘}$ 曲线差异较小。因此，可选定 Pt 厚度为 3 nm 的器件 - 3 作为代表器件进行后续性能测试。

3.2.2.6 器件电溶解过程

本书所述器件的动态红外调控功能依赖于 Ag 在纳米 Pt 薄膜上的可逆沉积与溶解。本节通过 LWIR 相机观察器件在电溶解过程中的动态变化，主要观察沉积的 Ag 能否顺利从 Pt 薄膜表面溶解，并观察 Ag 溶解后的 Pt 薄膜能否顺利恢复到初始状态。

首先将器件 -2、器件 -3、器件 -4 和器件 -5 在 -2.2 V 下沉积 10 s，然后施加 0.8 V 溶解电压，并在施加溶解电压的同时对器件进行 LWIR 图像记录（图 3.29）。由图可知，施加溶解电压 14 s 后，四个器件表观温度均能恢复初始状态，这表明沉积的 Ag 可快速从 Pt 表面溶解回电解质，因而器件能在短时间内从低发射率状态返回至高发射率状态。另外，与 3.2.2.1 至 3.2.2.4 节中 LWIR 图像对比可知，器件返回初始状态后，其表观温度与未进行沉积时几乎一致。据此推断,器件内 Pt 薄膜在单次沉积—溶解循环后不会被破坏。

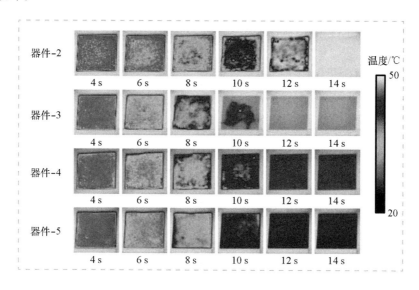

图 3.29　0.8 V 溶解电压下器件的实时 LWIR 图像（见彩插）

3.2.2.7　器件中间态维持时间

上面介绍了器件在沉积—溶解过程中的动态红外变化,因此可知,器件在短时间内能实现发射率的大幅度变化。但为了实现动态红外伪装,器件需要在不同发射率状态下都能维持一定时间。在基于可逆 Ag 电沉积的器件中,由于沉积的金属依赖电解质中离子对其进行溶解才能将其从沉积后的单质态转变为溶解于电解质中的离子态,从而实现金属的可逆沉积与溶解,因此,该器件本身会存在沉积金属无法长期保持单质态的问题。

为解决可逆 Ag 电沉积器件这一固有问题,研究者主要采用了以下几种方法提升器件沉积金属后的维持时间:其一,通过改进沉积金属与导电基底间的结合强度和使用离子液体电解质作为阴离子阻隔层来提升器件的记忆效应[53];其二,通过在电解质中添加长链聚合物骨架以延缓阴离子在电解质中的扩散速率[49];其三,通过微小电流保护法延缓沉积金属的溶解速率[48]。

如图 3.30 所示,LWIR 相机拍摄的器件 - 3 在不同电沉积时间后（1 s、3 s 和 5 s）表观温度随时间产生变化。由图可知,沉积不同时间后,器件 - 3

在 5 min 内均出现较明显的表观温度变化，具体表现为部分区域表观温度升高。主要原因是沉积于 Pt 表面的 Ag 被电解质慢慢溶解，而 Ag 被溶解区域将逐渐失去抑制红外效果，从而表现出更高的表观温度。随着放置时间增加，温度升高区域将明显扩散并出现温度更高的区域。根据 3.1.9 节所述，Pt 薄膜上沉积的 Ag 具有良好的均匀性与致密性，因而沉积金属（Ag）与导电基底（Pt）间具有较好的结合强度。同时，本书采用的凝胶电解质均含有10%的长链 PVA 成分，因而可以延缓阴离子的扩散速率。此外，电沉积时间越长，器件表观温度维持能力会略微增加。比如，沉积 5 s 后，器件表观温度随时间变化速率显著慢于沉积 1 s 和 3 s 后的器件。主要原因是沉积时间越长，沉积的金属层越厚，因而沉积的金属层受电解质溶解的影响更小。

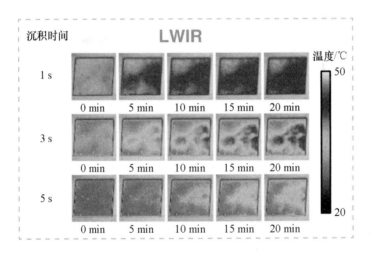

图 3.30　无保护电流时器件中间态维持时间（见彩插）

为提升器件中间态维持时间，本节采用了微小电流保护法进一步延缓 Ag 在电解质中的溶解。保护电流大小的设置有如下考虑。一是设置的保护电流值过高则会在 Pt 侧产生较高电压。若激发的电压超过金属沉积所需的电压阈值，保护电流此时不仅起到延缓沉积金属溶解的效果，还会触发电解液中更多金属离子被还原成单质。二是设置的保护电流值过低则无法有效延缓金属的溶解。比如，保护电流过低会造成只有导电性更好的边缘处被有效保护。本轮实验中，保护电流设定为 4 $\mu A/cm^2$。这里主要考虑到，在该电流保护下，较难触发新的电沉积过程。

第3章
基于纳米 Pt 薄膜的可逆 Ag 电沉积器件

如图 3.31 所示,保护电流为 4 $\mu A/cm^2$ 时,器件 -3 在整个可变区域内的表观温度均维持了接近 20 min。该结果表明微小电流保护能在一定程度上提升器件的中间态稳定性。但随时间进一步增加,即使在微弱电流保护下,器件也较难维持更长的时间。未来可尝试在电解质中加入阴离子阻隔材料或将凝胶电解质替换为固态电解质等方法进一步提升器件中间态维持时间。

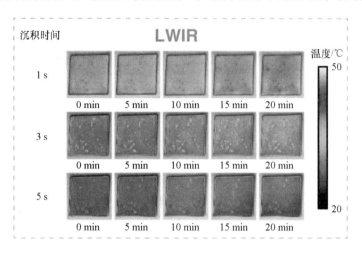

图 3.31 有保护电流时器件中间态维持时间(见彩插)

3.2.3 MWIR 相机下的动态红外特性

除 LWIR 波段外,MWIR 波段(3~5 μm)也是红外辐射的大气透射窗口。本节使用 MWIR 相机对基于不同厚度 Pt 薄膜器件在 MWIR 波段内的动态红外特性进行了实时观察。如图 3.32 所示,将上述四个器件放置于 50℃加热台上,并通过电化学工作站在 Pt 侧施加 -2.2 V 沉积电压。

从图 3.32 中可获得如下信息:其一,随沉积时间不断增加,这些器件在 MWIR 图像中的表观温度均出现大幅度快速下降,其规律与 LWIR 图像十分接近;其二,除器件 -2 外,其他器件在可变区域内都展现出十分均匀的表观温度变化;其三,在初始状态时(即沉积时间为 0 s 时),器件表观温度随 Pt 薄膜厚度增加而降低,表明在 MWIR 波段更厚的 Pt 薄膜也会产生更低的发射率;其四,这些器件沉积 10 s 后的表观温度较为接近,表明随 Pt 薄膜厚度增加，这些器件在 MWIR 波段可实现的最低发射率状态较接近。总之，MWIR 图像中所展现的结果与器件在 LWIR 图像中的规律基本一致。

图 3.32 −2.2 V 沉积电压下器件的实时 MWIR 图像（见彩插）

为评估器件在 MWIR 图像中的动态红外特性，通过 FLIR ResearchIR Max 4.0 软件获取了其中心和边缘处表观温度随沉积时间的变化曲线，如图 3.33 所示。

从图 3.33 中可获得如下信息：其一，MWIR 图像与 LWIR 图像中的结果类似，除器件-2 外，其余器件在-2.2 V 沉积电压下中心和边缘处表观温度变化曲线几乎重合，证明 Pt 厚度≥3 nm 时，器件在 MWIR 波段也能实现均匀的表观温度变化；其二，随 Pt 厚度的增加，器件在 MWIR 波段的表观温度变化范围也将进一步缩减，且其初始状态的表观温度从 49.2℃ 逐渐下降到 44.1℃，在-2.2 V 沉积 10 s 后，其中心处降温幅度分别为 19.8℃（器件-2）、19.2℃（器件-3）、16.7℃（器件-4）和 16.4℃（-2.5 V）；其三，与 3.2.2.1 至 3.2.2.5 节中通过 LWIR 图像提取的曲线相比，通过 MWIR 图像提取的中心和边缘处表观温度变化曲线具有相似的下降趋势和范围，表明器件在 MWIR 和 LWIR 波段具有相似的动态红外调控效果。

第3章
基于纳米 Pt 薄膜的可逆 Ag 电沉积器件

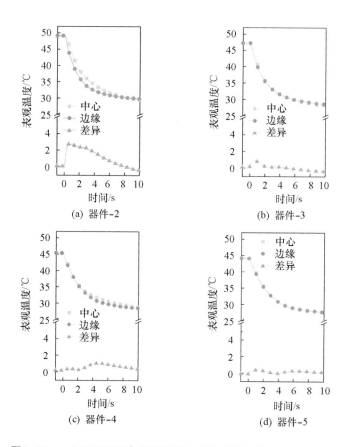

图 3.33 −2.2 V 沉积电压下器件中心和边缘处表观温度变化曲线

3.2.4 器件的实时红外光谱曲线

器件的实时红外光谱曲线能显示众多信息，比如，器件在 MWIR 和 LWIR 波段反射率差异，器件在不同沉积时间下的发射率，器件的镜面反射或漫反射占比等信息。热像图仅能直接显示器件实时表观温度变化，无法精确反映器件在红外波段的实时光谱曲线。因此，需寻找可行方法以获得器件在不同沉积时间下的实时光谱曲线。根据 3.2.2.7 节中方法，器件在微小保护电流下能维持其中间态在一段时间内不发生较大变化。因此，在施加保护电流时，可通过 FTIR 红外光谱仪间接测量器件在不同沉积时间下的实时总红外反射光谱曲线。测试方法如下：首先，将器件固定于积分球反射测量口，并沉积不同时间（沉积电压为 -2.2 V）；其次，在沉积结束后立即施加小电流保护；最后，进行 FTIR 光谱测量。通过这样的方式，器件在微小电流保护下的实时总红外反射光谱曲线能被大致测量。器件 -3、器件 -4 和器件 -5 在 -2.2 V 沉积不同时间后的实时总红外反射光谱曲线如图 3.34 所示。由图可知：其一，器件初始红外反射光谱曲线（即沉积时间为 0 s 时）随 Pt 薄膜厚度增加而逐渐升高；其二，沉积 15 s 后，器件的红外反射光谱曲线高度十分接近，表明器件的低发射率状态基本不受 Pt 薄膜厚度的影响；其三，器件的反射光谱曲线在 MWIR 和 LWIR 波段的大部分区域都保持接近的高度，表明器件在 MWIR 和 LWIR 波段能实现较一致的发射率调控效果。这也与 3.2.2 节和 3.2.3 节中的实时红外图像结果较为吻合。

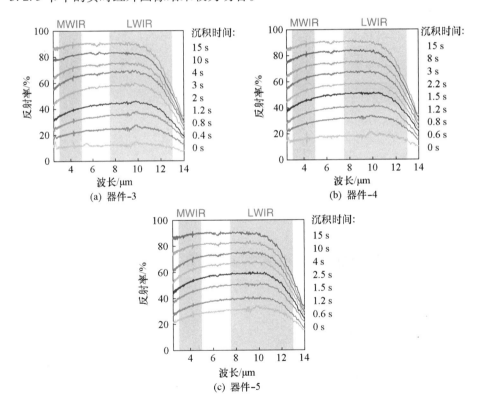

图 3.34 器件实时总红外反射光谱曲线（见彩插）

3.2.5 器件的发射率调控范围

根据 3.1.12 节中结果，Pt 薄膜组装入器件后即不具备红外透明性。因此，可通过 100% 减去器件的实时反射率来计算器件在红外波段的发射率。

通过对上述实时反射率曲线进行计算，可获得器件-3、器件-4 和器件-5 在 MWIR 和 LWIR 两个波段的最大发射率调控范围，分别为 $\Delta\varepsilon_{MWIR} \approx 0.77$ 和 $\Delta\varepsilon_{LWIR} \approx 0.71$，$\Delta\varepsilon_{MWIR} \approx 0.74$ 和 $\Delta\varepsilon_{LWIR} \approx 0.66$，以及 $\Delta\varepsilon_{MWIR} \approx 0.62$ 和 $\Delta\varepsilon_{LWIR} \approx 0.53$，如图 3.35 所示。由于这些器件在 MWIR 和 LWIR 波段的最大发射率调控范围差值较接近（均小于 0.1），进一步表明这些器件具备良好的双波段调控一致性。

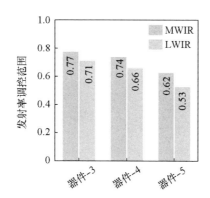

图 3.35　器件在 MWIR 和 LWIR 窗口波段的最大发射率调控范围（见彩插）

3.3　器件的循环和辐射降温性能

3.3.1　循环性能

在 3.1.11 节中，通过电化学方法对 3 nm Pt/BaF_2 基底在三电极电解池中的循环性能进行了初步分析。然而，Pt/BaF_2 基底在开放式电解池中与在封闭式器件中的循环性能可能有所差别。因此，需对 Pt/BaF_2 基底组装入器件后的

基于可逆银电沉积的变红外发射率器件
Variable Infrared Emittance Devices Based on Reversible Silver Electrodeposition

循环性能进行更详细的评估与分析。

本节通过 LWIR 相机对器件 - 3 的循环性能进行了实时观察。LWIR 相机不仅能考察器件沉积—溶解过程可逆性,还能同时考察其红外调控可逆性。首先,将器件 - 3 置于 50℃ 加热台上。然后,通过电化学工作站对器件循环施加 - 2.2 V 的沉积电压(8 s)和 0.8 V 的溶解电压(20 s)。图 3.36 展示了该器件在第 5、第 50 和第 300 次电沉积过程中的实时 LWIR 图像。由图可知,多次循环后,器件表观温度变化范围未发生明显变化,且其表观温度变化均匀性也未受到较大影响。

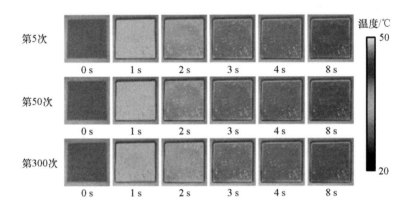

图 3.36　器件在前 300 次循环时的实时 LWIR 图像(见彩插)

然而,多次循环后,器件会在一定程度上被破坏。如图 3.37 所示,随循环次数进一步增加,在第 350 次电沉积过程中,器件下沿处发生了部分变化。当沉积时间为 0 s 时,其下沿小部分区域呈现出比周围更高的表观温度。而且随沉积时间增加,这部分区域的表观温度不会明显降低,也就是说 Ag 无法在这部分区域内有效沉积。依此推断,该区域的 Pt 薄膜可能在多次循环过程中被损坏或剥离。推断理由如下:其一,Pt 薄膜的破坏使该区域发射率升高,从而呈现出比其他区域更高的表观温度;其二,Pt 薄膜的破坏将导致该区域导电性降低,因而 Ag 无法在该区域有效沉积,并导致该区域表观温度无法随沉积时间增加而逐渐降低。随循环次数增加至第 360 次,破损区域从边缘处扩展至器件中心区域。该结果表明 Pt 薄膜此时已被严重破坏,且有加速破损的趋势。器件失效可能有以下几个原因:一是 Pt 薄膜与基底之间结合力较弱;二是 Pt 薄膜在循环过程中遭受 Ag 沉积和溶解时反复应力破坏。这两种原因可能共同导致了器件的最终失效。

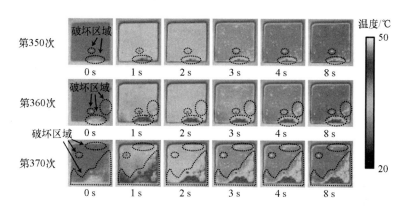

图 3.37　器件在 300 次循环后的实时 LWIR 图像（见彩插）

通过提取器件-3 在 LWIR 图像中心和边缘处表观温度变化曲线，可获得该器件由表观温度变化所展现的循环性能，如图 3.38 所示。由图可知，器件在前 300 次循环中能保持十分优异的可逆性和可重复性。其一，器件中心和边缘处表观温度变化曲线在第 5、第 50 和第 300 次沉积—溶解过程中几乎重合。其二，在前 300 次循环中，器件的最高和最低表观温度也能保持较为接近的水平。然而，随沉积—溶解次数超过 300 次，器件边缘处表观温度曲线出现较大幅度的增长，从第 300 次循环时的 28.1℃ 上升至第 370 次循环时的

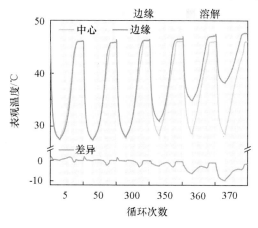

图 3.38　器件循环性能曲线（见彩插）

38.3℃。与此同时，器件中心处表观温度变化曲线则未发生明显的变化。这表明器件中心比边缘处受到的影响更小，且 Pt 薄膜的破坏从边缘处开始。

3.3.2 辐射降温性能

通常，若直接使用低发射率材料对高温物体进行伪装，该物体在红外波段的辐射降温机制就会被抑制，并难以通过辐射方式进行降温[114]。若将低发射率材料设计成具有波段选择性的材料，比如在探测波段具有低发射特性、在非探测波段具有高发射特性，伪装器件则可能实现低发射率与辐射降温的共存。

考虑到 BaF_2 基底在 $0.2 \sim 12$ μm 波段内具有高于 90% 的透过率，在 $13 \sim 25$ μm 波段内具有高发射特性，因此 BaF_2 可作为波段选择性红外透明基底，使器件实现更好的辐射降温。330 K 黑体在 $3 \sim 5$ μm（MWIR）、$5 \sim 7.5$ μm、$7.5 \sim 13$ μm（LWIR）和 $13 \sim 25$ μm 波段内分别占有其总辐射能量的 3%、15%、43.3% 和 38.6%，如图 3.39 所示。$3 \sim 5$ μm 和 $7.5 \sim 13$ μm 波段是大气红外透射窗口波段，用于红外伪装，而 $5 \sim 7.5$ μm 和 $13 \sim 25$ μm 波段可被用于辐射降温。非窗口波段的辐射能量占 330 K 黑体总辐射能量的 53.6%。由于 BaF_2 基底在 $13 \sim 25$ μm 波段具有高发射特性，可利用 BaF_2 这一非窗口波段为器件提供额外的辐射降温。从图 3.39 中可以看出，当器件 - 3 处于低发射率状态时（即电沉积 15 s 后），其在 MWIR 和 LWIR 波段具有 90% 的高反射率，而在 $13 \sim 25$ μm 波段只有 10% 的反射率。与之相比，非光谱选择性低发射率样品在整个红外波段具有 90% 的反射率，因而其难以通过非窗口波段辐射降温。

辐射降温实验可验证上述两种样品在低发射率状态下的辐射降温差异。首先，将器件 - 3 和非光谱选择性低发射率样品粘贴于 PET - ITO 膜的 PET 侧（厚度为 150 μm，长度为 30 mm，ITO 膜的方阻为 14 Ω/sq）。在 PET - ITO 膜下方放置二氧化硅（SiO_2）气凝胶砖，避免 PET - ITO 膜所产生的热量向下传导。使用直流电源对 ITO 薄膜进行供电并产生焦耳热，功率为 58.5 mW/cm^2。器件 - 3 在初始状态下实际平衡温度为 $55 \sim 56$ ℃。而当它转变至低发射率状态后（电沉积 15 s 并施加保护电流），其实际平衡温度在加热后的 25 min 内上升至 60 ℃，比维持其初始状态时（高发射率状态）高了 3.6 ℃。转变至低发射率状态后，器件 - 3 在 $2.5 \sim 12$ μm 波段内无法有效辐射热量，因而会具有

第3章
基于纳米 Pt 薄膜的可逆 Ag 电沉积器件

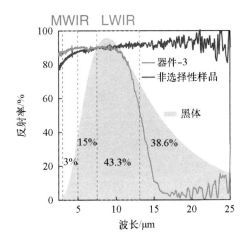

图 3.39 器件-3 和非光谱选择性低发射率表面的总红外反射光谱曲线（见彩插）

更高的热平衡温度。与此同时，非光谱选择性低发射率样品在 58.5 mW/cm² 的加热条件下，其实际平衡温度则处于 61~62℃，比器件-3 在低发射率状态下高 2.4℃，如图 3.40 所示。该实验表明器件-3 比非光谱选择性低发射率样品拥有更好的辐射降温效果。

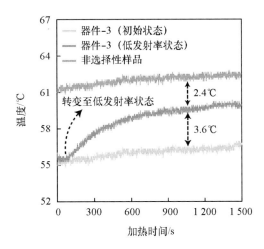

图 3.40 器件-3 和非光谱选择性表面在辐射降温实验中的温度变化曲线（见彩插）

3.4 本章小结

本章通过电子束蒸发,在 BaF_2 基底上制备不同厚度纳米 Pt 薄膜,利用不同表征手段对 Pt/BaF_2 基底进行了分析表征,研究其在可逆 Ag 电沉积体系中的动态红外调控效果,并在此基础上制备出新型动态红外伪装器件,主要结论如下:

(1) 纳米 Pt 薄膜在可逆 Ag 电沉积体系中具有动态红外调控潜力。通过电子束蒸发,在抛光 BaF_2 基底上制备不同厚度纳米 Pt 薄膜,并对所制备 Pt/BaF_2 基底的导电性、光学特性、形貌特性、粗糙度等进行了表征。初步分析 Pt/BaF_2 基底红外光谱中的 84.8%(2 nm)、80.7%(3 nm)、77.1%(4 nm)和 65.9%(5 nm)可被用于发射率调控。对 Pt/BaF_2 基底在可逆 Ag 电沉积体系中的动态光学特性、沉积均匀性和循环性能进行了分析与表征,证明纳米 Pt 薄膜的红外透射和红外吸收部分可被沉积的金属转化为红外反射。

(2) 基于纳米 Pt 薄膜的器件具有优异的动态红外调控效果。将具有不同 Pt 厚度的 Pt/BaF_2 基底组装入可逆 Ag 电沉积器件,利用 LWIR 相机、MWIR 相机及 FTIR 光谱仪等多种手段对样品器件动态红外特性进行测试表征。研究发现 Pt 薄膜厚度对器件性能有重要影响:Pt 薄膜越厚,器件面内发射率变化越均匀,器件发射率调控范围越小。沉积电压对器件发射率变化均匀性和变化速度也具有重要影响:沉积电压较低时,器件难以获得均匀的表观温度变化;随沉积电压升高,器件发射率变化速度会略有提升。此外,升高沉积电压可以弥补 Pt 薄膜导电性不足,使器件表观温度变化更均匀。

(3) 微小电流保护能增加器件的中间态维持时间。实验证明微小电流保护法可延缓沉积金属的溶解速率,使器件获得更长的中间态维持时间。通过该方法还可测量出器件的实时红外反射光谱,并计算器件在 MWIR 和 LWIR 波段的最大发射率调控范围。

(4) 器件具有较好的循环和辐射降温性能。经过 300 次循环测试,器件仍能较好地保持其红外调控可逆性。通过 LWIR 相机监测,发现器件在循环次数超过 350 次后会出现一定程度破坏,存在表观温度不再变化的区域。其原因可能是:Pt 薄膜与基底之间结合力较弱,Pt 薄膜在循环过程中遭受

第 3 章
基于纳米 Pt 薄膜的可逆 Ag 电沉积器件

Ag 沉积和溶解时反复应力破坏。此外，对比了器件在低发射率状态与非光谱选择性低发射率表面的光谱特征和辐射降温效果，实验表明具有光谱选择性的器件可通过非窗口波段辐射降温，并在恒定功率加热下展现出更低的平衡温度。

第 4 章
基于石墨烯的可逆 Ag 电沉积器件

与金属和半导体等电极材料相比，石墨烯具有更高的电子迁移率和更低的载流子浓度，更易实现高电导率和高红外透明性的共存。因此，在可逆 Ag 电沉积系统中可利用石墨烯的红外透明性实现动态红外调控。本章采用逐层堆叠的湿法转移工艺，将多层石墨烯膜完整有效地转移至 SiO_2/Si、BaF_2、PP 等基底，制备出基于石墨烯红外透明电极的变发射率红外伪装器件。首先，在 SiO_2/Si 基底上验证了石墨烯的红外调控潜力；其次，对 PP 膜和 BaF_2 基底进行了表面改性，实现了石墨烯在两种基底上的湿法转移。通过将石墨烯电极整合至器件中，制备出基于石墨烯的可逆 Ag 电沉积器件。红外热像仪观察结果显示，在电沉积 50 s 和 30 s 后，基于石墨烯/PP（G/PP）的器件和基于石墨烯/BaF_2（G/BaF_2）的器件表观温度分别降低了 13.5℃ 和 20.5℃。该实验初步证实在可逆金属电沉积系统中引入石墨烯电极的可行性，制备的器件具备一定的动态红外调控能力。

4.1 石墨烯电极在可逆 Ag 电沉积系统中的红外调控潜力

4.1.1 SiO_2/Si 基底上石墨烯电学特性

SiO_2/Si 基底是用于转移石墨烯的常用基底，其表面光滑且化学性质稳定，可用于验证石墨烯的转移工艺。首先，通过聚甲基丙烯酸甲酯（PMMA）

和湿法转移工艺将 Cu 箔上生长的石墨烯以逐层堆叠方式转移至 SiO_2/Si 基底上,并对其方阻进行测试。测试结果显示,当石墨烯的层数从单层增加到四层,其方阻从单层时的 (637.4 ± 49.7) Ω/sq 逐渐降低到转移了四层后的 (206.7 ± 24.1) Ω/sq,如图 4.1 所示。

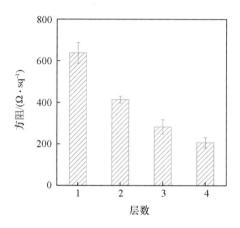

图 4.1　转移至 SiO_2/Si 基底上不同层数石墨烯薄膜的方阻

4.1.2　SiO_2/Si 基底上石墨烯分子结构

通过拉曼光谱对转移到 SiO_2/Si 基底上的单层石墨烯进行表征(图 4.2)。转移到 SiO_2/Si 基底上的单层石墨烯薄膜显示出单层石墨烯的三个典型峰,分别在 1 350 cm^{-1} (D 峰)、1 590 cm^{-1} (G 峰) 和 2 670 cm^{-1} (2D 峰)。石墨烯中的 D 峰通常被认为是石墨烯的无序振动峰,用于表征石墨烯样品中结构缺陷或破损边缘的多少。当石墨烯破损边缘较多或者含较多缺陷时,其 D 峰较明显,反之则 D 峰不明显。从图中可看出,该单层石墨烯的 D 峰峰强较弱,这表明转移到 SiO_2/Si 基底上的单层石墨烯样品的结构缺陷较少。

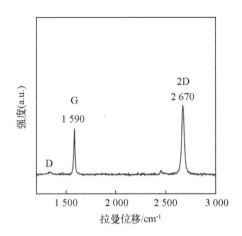

图 4.2 转移至 SiO_2/Si 基底上单层石墨烯薄膜的拉曼图谱

4.1.3 SiO_2/Si 基底上石墨烯微观形貌

通过 SEM 和光学显微镜对转移到 SiO_2/Si 基底上的单层石墨烯进行表征。从图 4.3（a）中可以看出,转移后的石墨烯表面虽然存在一些点缺陷、线缺陷和长条状褶皱等不完整区域,但整体上较为平整,仍然保持着较为完整的结构。此外,图 4.3（b）也表明,在更大的区域范围内,该单层石墨烯膜无明显缺陷和褶皱,进一步验证了通过湿法转移工艺将石墨烯转移到 SiO_2/Si 基

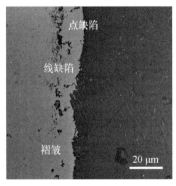
(a) SEM 图像

(b) 光学显微镜图像

图 4.3 转移至 SiO_2/Si 基底上的单层石墨烯膜（见彩插）

底上的过程不会破坏石墨烯膜的整体结构,这与上述单层石墨烯的方阻和D峰的测试结果相一致。

4.1.4　四层石墨烯电极上电沉积Ag后的形貌演变

将 SiO_2/Si 基底上转移的多层石墨烯膜放置于三电极可逆金属电沉积系统中,通过SEM对电沉积Ag后石墨烯电极的形貌进行表征(图4.4)。

由于单层石墨烯在 SiO_2/Si 基底上的方阻较高(637.4 Ω/sq),最终选用转移了四层石墨烯的 SiO_2/Si 基底(4G/SiO_2/Si 基底,方阻为206.7 Ω/sq)作为代表电极进行沉积实验。图4.4展示了以-2.5 V沉积电压分别电沉积5 s、10 s、20 s和25 s后4G/SiO_2/Si 基底的微观形貌图。从图4.4中可以看出,随着电沉积时间的增加,电极表面的Ag沉积物逐渐增多,从5 s时不连续的岛状形貌逐渐转变为10 s和20 s时半连续岛状形貌。当沉积时间到达25 s时,沉积的Ag最终在4G/SiO_2/Si 基底上形成一层致密金属膜。这一过程表明,在电解液中的金属Ag离子可以被有效还原并沉积,最终可以在石墨烯电极上形成连续的金属膜。此外,可以发现图4.4(d)中的边缘区域存在部分未被覆盖的石墨烯,该区域无Ag的沉积物,这可能是因为这些边缘区域导电性较差。在石墨烯的边缘区域,通常存在较多的破损或覆盖石墨烯的层数较少,因此导电性较差,在相同的沉积电压和沉积时间下,Ag无法在这些区域获得足够能量越过成核能全形成单质金属沉积物,这一现象也从反面印证了石墨烯电极的导电性强弱对沉积能否进行具有决定作用。

对比第3章中的研究内容可以发现,在4G/SiO_2/Si 基底上沉积的Ag没有在纳米Pt薄膜上沉积的Ag均匀,这可能是由于晶格失配率过大。石墨烯由密集堆积的六边形碳原子网格构成,其晶格参数为 $a=2.46$ Å,而Ag由晶格参数为 $a=4.09$ Å的面心立方(FCC)晶体结构构成。石墨烯和Ag间的晶格失配率为 $\delta\approx39.8\%$,远高于Pt(FCC,$a=3.912$ Å)和Ag间的晶格失配率($\delta\approx4.5\%$)。较大晶格失配率导致石墨烯上沉积的Ag在初始阶段无法与石墨烯晶格间形成连续界面,仅能表现出非连续或半连续界面状态,但随电沉积时间逐渐增加,岛状Ag会变得更加致密,并逐渐开始相互连接。最终,如图4.4(d)所示,经过更长时间沉积,石墨烯表面将形成连续的电沉积金属膜。

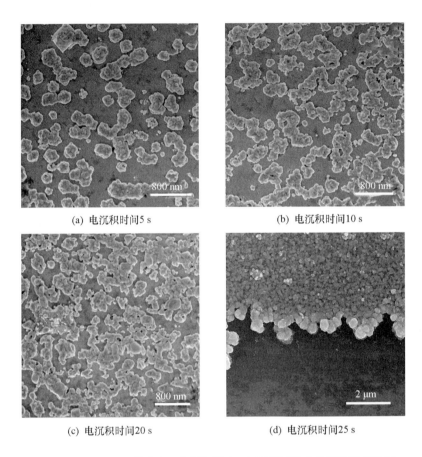

(a) 电沉积时间5 s　　(b) 电沉积时间10 s
(c) 电沉积时间20 s　　(d) 电沉积时间25 s

图 4.4　4G/SiO$_2$/Si 基底在三电极可逆 Ag 电沉积系统中的微观形貌演变

4.1.5　四层石墨烯电极上电沉积 Ag 后的红外光谱变化

从图 4.5（a）中可以看出，在可逆 Ag 电沉积三电极系统中电沉积 25 s 后，4G/SiO$_2$/Si 基底呈现银灰色并且具备金属光泽。通过对其表面层进行 GIXRD 表征可知，该石墨烯表面由电沉积所形成的膜层与 Ag 的晶体结构一致，可以确定沉积物是 Ag 而非其他金属或氧化物。

将电沉积 Ag 后的 4G/SiO$_2$/Si 基底放置到 45℃ 的加热台上，通过 LWIR 相机记录其红外图像［图 4.5（b）］，以此来验证 4G/SiO$_2$/Si 基底上电沉积的

第4章 基于石墨烯的可逆 Ag 电沉积器件

Ag 膜能像普通的金属膜一样反射或抑制热辐射,结果如图 4.5(c)所示。由红外热像图可以看出,电沉积后的 Ag 膜区域表现出 25℃ 的表观温度,右侧导电 Cu 胶带的表观温度为 22℃,热台上 Al 制表面的表观温度为 24.5℃。这表明沉积 Ag 膜的辐射特性与这些区域金属的辐射特性(低发射特性)已较为接近,可以有效抑制 SiO_2/Si 基底的热辐射。此外,未被 Ag 膜覆盖的石墨烯区域(即液相线和 Ag 胶之间的区域)也呈现出与 SiO_2/Si 基底几乎一致的表观温度(44.8℃),这表明在 SiO_2/Si 基底上的石墨烯膜并没有明显改变 SiO_2/Si 基底的辐射强度,印证了石墨烯的高红外透明特性。为更精确研究电沉积 Ag 前后 $4G/SiO_2/Si$ 基底的红外光谱变化,对电沉积 25 s 前后的总红外反射光谱曲

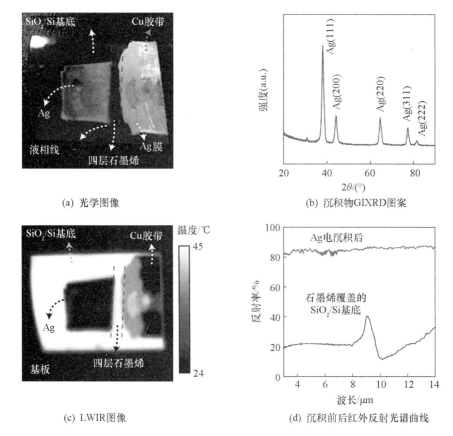

(a) 光学图像　　　　　　　　(b) 沉积物 GIXRD 图案

(c) LWIR 图像　　　　　　　(d) 沉积前后红外反射光谱曲线

图 4.5　四层石墨烯膜在可逆 Ag 电沉积三电极系统中电沉积 25 s 后的变化(见彩插)

线进行测量，结果如图4.5（d）所示。4G/SiO$_2$/Si基底在3～14 μm波段内的平均红外反射率从一开始时的22.2%增加到电沉积25 s后的85.1%，这表明电沉积的Ag膜将4G/SiO$_2$/Si基底在3～14 μm波段内的平均红外反射率提高了62.9%。

4.2 石墨烯/红外透明基底的制备与红外光谱性能

由于SiO$_2$/Si基底具有红外不透明性，无法直接测量转移至这一类基底上的石墨烯红外透过率，难以评估石墨烯在可逆金属电沉积系统中作为顶电极时的潜在红外调控能力，因此必须将石墨烯转移到合适的红外透明基底以完成相关测量评估工作。聚乙烯（PE）和聚丙烯（PP）等聚烯烃材料的分子结构中仅包含脂肪族的C—C和C—H键，在红外波长范围内仅有较窄吸收峰，可作为理想的柔性红外透明基底以支持石墨烯薄膜的转移；以BaF$_2$为代表的氟化物在紫外波段到中远红外波段也具有高透明性，同样可作为刚性红外透明基底以支持转移的石墨烯薄膜。然而，聚烯烃薄膜表面能较低，与水的接触角较大，湿法转移的石墨烯难以在其上实现良好的转移与铺展；同样，由于具有轻微水溶解性（0.16 g/100 ml，20℃），BaF$_2$基底表面在石墨烯湿法转移过程中会受到轻微溶解，使石墨烯无法与BaF$_2$基底间形成良好贴合，从而其结构遭到破坏。

4.2.1 PP膜和BaF$_2$基底的表面改性

为解决上述问题，较好完成石墨烯在这两种红外透明基底上的湿法转移，本节提出两种对PP膜和BaF$_2$基底的表面改性方法，将CVD生长的石墨烯膜通过湿法转移到表面改性的PP膜和BaF$_2$基底上，过程如图4.6所示。

对于红外透明但具有低表面能的PP膜，采用氧等离子体处理的方式帮助石墨烯实现在其表面的转移。首先，将厚度为6 μm的PP膜贴在热释放胶带上，以防止较薄的PP膜在湿法转移过程中起皱（步骤1）；其次，使用氧等离子体清洗机处理PP膜表面，增加其表面的含氧官能团，提高亲水性（步骤2）；再次，将CVD生长的单层石墨烯依次转移到由热释放胶带所支撑并经氧

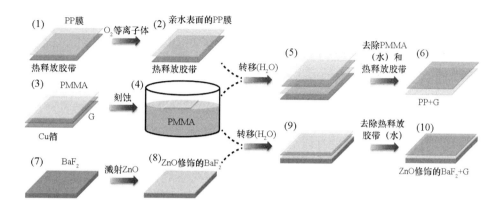

图 4.6　将石墨烯转移到表面改性的 PP 膜和 BaF_2 基底上的示意图（见彩插）

等离子体处理的 PP 膜上（步骤 3～5，需要注意，用于保护石墨烯的 PMMA 牺牲层在每一次转移后都必须进行丙酮溶解操作，通过去离子水清洗以确保干净）；最后，转移完成后，将整体加热至 90℃，使热释放胶带从 PP 膜上脱落，最终获得研究所需的多层 G/PP 膜（步骤 5～6）。

针对红外透明但具有轻微水溶解性的 BaF_2 基底，采用在其表面磁控溅射一层 ZnO 保护膜的方式帮助实现石墨烯在其表面的转移。ZnO 层能阻止水溶液对 BaF_2 基底的溶解，可以避免 BaF_2 基底在转移过程中被水溶解而使石墨烯结构被破坏的问题（步骤 7～8）。首先，在 BaF_2 基底表面溅射一层 100 nm 厚的 ZnO 防水层（步骤 7）；其次，将 CVD 生长的单层石墨烯层层转移至 ZnO/BaF_2 基底上（步骤 3～4 和步骤 9，需要注意，在每一次转移之后，用于保护石墨烯的 PMMA 牺牲层都会被丙酮溶解，必须使用去离子水清洗干净）；最后，将获得所需要的多层 $G/ZnO/BaF_2$ 基底（步骤 9～10）。

如图 4.7（a）所示，在未经处理的 PP 膜表面，水滴呈现出 105°的接触角，这使得 PMMA/石墨烯叠层通过湿法转移至未经处理的 PP 膜表面后产生大量褶皱，最终将会导致 PMMA/G 叠层在去除 PMMA 层过程中被破坏。与之相反，如图 4.7（b）所示，经氧等离子体处理过的 PP 膜（OPP 膜，处理时间为 4 min）表现出较强亲水性（其表面与水滴的接触角为 54°），这有利于 PMMA/G 叠层在 PP 膜表面实现均匀铺展，在去除 PMMA 保护层后，石墨烯膜仍能保持较好的完整性。

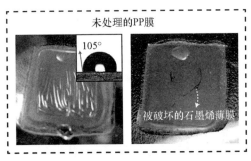

(a) PMMA/G叠层转移至未处理的PP膜上并去除PMMA层后的图像

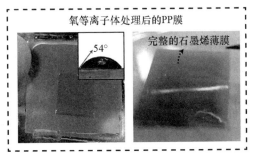

(b) PMMA/G叠层转移至经氧等离子体处理后的PP膜上并去除PMMA层后的图像

图4.7　PMMA/G 叠层转移至不同 PP 膜后的图像（见彩插）

4.2.2　G/OPP 膜的红外和电学特性

为进一步评估氧等离子体处理时间和石墨烯层数对 PP 膜整体红外透过率的影响，通过 FTIR 光谱仪对不同氧等离子体处理时间后的 OPP 膜和转移了不同层数石墨烯的 OPP 膜的总红外透射光谱曲线进行测量，结果如图 4.8 所示。首先，将经氧等离子体处理 1 min、2 min、3 min 和 4 min 后的 PP 膜，分别表示为 OPP - 1 min、OPP - 2 min、OPP - 3 min 和 OPP - 4 min。图 4.8 显示，随着氧等离子体处理时间从 0 min 增加到 4 min，PP 膜在 2.5～25 μm 波段范围内的平均红外透过率仅从一开始未经处理时的 91.2%（PP 膜）略微降低至处理 4 min 后的 90.7%（OPP - 4 min 膜）。这表明氧等离子体处理对 PP 膜整体的红外透过率影响较小，几乎可以忽略不计。导致这一结果的原因在于，氧等离子的处理过程仅在 PP 膜浅表层增加少数含氧官能团，不能显著改变 PP

膜整体分子结构及其红外透明性。

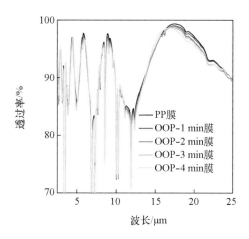

图 4.8　氧等离子体处理对 PP 膜红外透过率的影响（见彩插）

由于 OPP-4 min 膜在四批样品中具有最佳表面亲水性，经氧等离子体处理后，其红外透过率的降低几乎可以忽略不计，因而选择 OPP-4 min 膜作为潜在的红外透明基底，用来完成石墨烯的转移。采用湿法转移工艺，在 OPP-4 min 膜上分别转移一至四层的石墨烯膜，根据转移的石墨烯层数，将覆盖有石墨烯的 OPP-4 min 膜分别表示为 OPP-4 min-1G（转移了一层石墨烯）、OPP-4 min-2G（转移了两层石墨烯）、OPP-4 min-3G（转移了三层石墨烯）和 OPP-4 min-4G（转移了四层石墨烯）。如图 4.9（a）所示，转移有石墨烯的 OPP-4 min 膜在 2.5~25 μm 波段范围内的平均红外透过率分别为 90.7%（OPP-4 min）、88.7%（OPP-4 min-1G）、86.5%（OPP-4 min-2G）、83.8%（OPP-4 min-3G）和 81.9%（OPP-4 min-4G），这表明在转移了四层石墨烯后，OPP 膜在全部红外波段内维持较高透过率（>80%）。通过这一实验，初步证实了叠加少量层数石墨烯后，G/OPP 膜可在所有红外波段内保持较高的透过率。

为更直观验证转移了四层石墨烯后 OPP-4 min 膜的红外透明性，将 OPP-4 min-4G 膜放置于 27.5℃的单个热源前，通过 LWIR 相机进行观察。从图 4.9（b）中可以看出，OPP-4 min-4G 膜所表现出的表观温度与热源的表观温度（27.5℃）大致相同。这一实验结果表明来自外部热源的绝大部分热辐射可穿透 OPP-4 min-4G 膜。

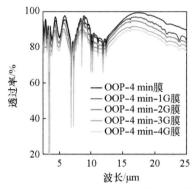
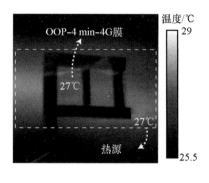

(a) 转移不同层数石墨烯后OPP-4 min膜的总红外透射光谱曲线   (b) OPP-4 min-4G膜在27.5℃下

图 4.9　转移不同层数石墨烯后 OPP 膜红外透明性变化（见彩插）

除红外光谱和红外图像测量外，本研究测试了 G/OPP-4 min 膜方阻，结果如图 4.10 所示。当石墨烯由单层增加到四层时，方阻从 （1 356±109.1） Ω/sq 逐渐降低到 （481.6±56.7） Ω/sq。在 OPP-4 min 膜上转移的石墨烯方阻与在 SiO_2/Si 基底上转移的石墨烯方阻已较为接近，这验证了通过氧等离子体处理 PP 膜辅助石墨烯湿法转移工艺的有效性。

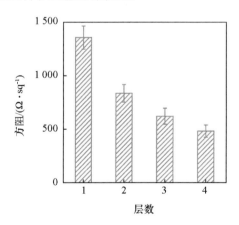

图 4.10　转移不同层数石墨烯后 OPP-4 min 膜方阻

4.2.3 G/ZnO/BaF₂基底的红外和电学特性

通过在 BaF₂ 基底上溅射 100 nm、200 nm 和 300 nm 厚的 ZnO 层，制备了三批 ZnO/BaF₂ 基底，分别表示为 BaF₂ – ZnO – 1、BaF₂ – ZnO – 2 和 BaF₂ – ZnO – 3。如图 4.11（a）所示，当 ZnO 层的厚度从 0 nm 增加到 300 nm 时，基底在 3~14 μm 波段范围内的平均红外透过率从 90.8%（纯 BaF₂ 基底）略微下降至 88.6%（BaF₂ – ZnO – 3 基底），表明该无机氧化物薄膜对 BaF₂ 基底的红外透过率影响较小。由于 100 nm 厚的 ZnO 层已具有足够厚度以防止 BaF₂ 表面在水中溶解，因此在后续研究中，选择 BaF₂ – ZnO – 1 基底作为样本红外透明基底来完成石墨烯的转移。

根据转移的石墨烯层数，将制备好的 G/BaF₂ – ZnO – 1 基底分别表示为 BaF₂ – ZnO – 1 – 1G（具有一层石墨烯）、BaF₂ – ZnO – 1 – 2G（具有两层石墨烯）、BaF₂ – ZnO – 1 – 3G（具有三层石墨烯）和 BaF₂ – ZnO – 1 – 4G（具有四层石墨烯）。在完成石墨烯转移后，对 G/BaF₂ – ZnO – 1 基底的总红外透射光谱进行测量，结果如图 4.11（b）所示。样本基底在 3~14 μm 波段范围内的平均红外透过率差异较小，分别为 88.2%（BaF₂ – ZnO – 1 – 1G）、86.2%（BaF₂ – ZnO – 1 – 2G）、84.1%（BaF₂ – ZnO – 1 – 3G）和 82.3%（BaF₂ –

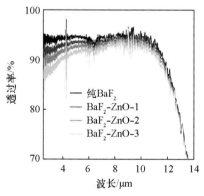
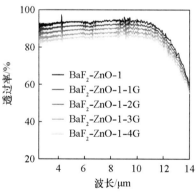

(a) 沉积不同厚度ZnO后BaF₂基底
总红外透射光谱曲线

(b) 转移不同层数石墨烯后BaF₂-ZnO-1基底
总红外透射光谱曲线

图 4.11 沉积 ZnO 后和转移石墨烯后 BaF₂ 基底的红外透明性变化（见彩插）

ZnO-1-4G），这表明 BaF$_2$-ZnO-1 基底上的多层石墨烯薄膜仍具有高红外透明性。

接下来，对覆盖不同层数石墨烯的 G/BaF$_2$-ZnO-1 基底方阻进行测量（图4.12）。随石墨烯层数增加，其方阻从单层时的（787.2±69.9）Ω/sq 降低到转移四层后的（296.7±34.2）Ω/sq，这些数据非常接近转移到 SiO$_2$/Si 基底上石墨烯薄膜的方阻，可以证明在 BaF$_2$-ZnO-1 基底上石墨烯能成功实现转移。

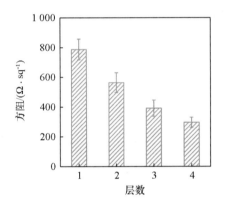

图4.12 转移不同层数石墨烯后 BaF$_2$-ZnO-1 基底方阻

4.3 器件的动态红外特性

4.3.1 基于 G/OPP 膜的器件

将 OPP-4 min-4G 膜作为顶电极组装动态红外调控器件，命名为基于 G/PP 的器件，以此来评价 OPP-4 min-4G 膜在可逆金属电沉积系统中的动态红外调控能力。如图4.13所示，由于 OPP-4 min-4G 膜红外透明，凝胶电解质层对红外具有较强吸收，因此在无电沉积情况下，该器件呈现高发射状态。当施加-2.5 V 沉积电压后，Ag 开始沉积于红外透明石墨烯电极表面，逐渐形成连续且致密的 Ag 膜，OPP-4 min-4G 膜的红外透过部分逐渐转化为红外反射。最终,该器件将由高发射率状态逐渐过渡至低发射率状态。

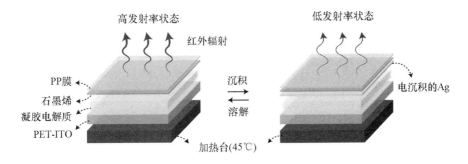

图 4.13　基于 G/PP 的器件电沉积前后的示意图 (见彩插)

组装好器件后,使用数码相机记录基于 G/PP 的器件在电沉积 50 s 前后的图像。初始状态时,器件的表面呈现出较透明状态,电沉积 50 s 后,器件表面形成一层带有金属光泽的膜,如图 4.14 所示,这表明 Ag 已顺利沉积于 G/PP 膜内表面。

图 4.14　基于 G/PP 的器件电沉积 50 s 前后的图像 (见彩插)

为进一步评估基于 G/PP 的器件的动态红外性能,将其置于 45℃的加热台上,并实时记录其在电沉积过程中的实时红外图像,如图 4.15 所示。第 1 次电沉积过程中,基于 G/PP 的器件在初始状态下的表观温度(44℃)与用于密封该器件的聚酰亚胺胶带表观温度十分接近,表明该器件初始状态发射率主要由高吸收的凝胶电解质层决定。

在 -2.5 V 的电压下沉积 50 s 后,由于器件顶电极上形成的连续且致密的 Ag 膜,其在 LWIR 图像中的表观温度由初始 44℃下降至 30.5℃(图 4.15)。这充分证明电沉积的 Ag 膜可有效抑制凝胶电解质所产生的热辐射。需要注意,电沉积过程中产生了不均匀表观温度分布。这是因为 OPP - 4min - 4G 膜方阻相对较高，Ag 优先在器件边缘沉积，随后逐渐扩展到导电性较差的中心区域。

第 2 次电沉积过程中，在沉积时间相同的情况下，器件表观温度下降幅度明显小于第 1 次电沉积过程，这表明 Ag 难以被二次电沉积，无法形成连续的金属膜。这可能是由于在第 1 次沉积—溶解的过程中，OPP 膜上所转移的石墨烯电极被部分破坏或剥离。

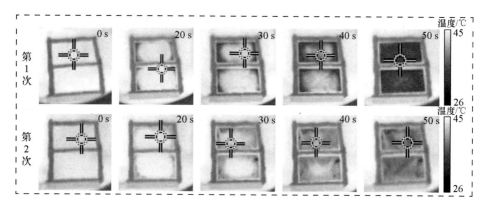

图 4.15　前 2 次电沉积过程中基于 G/PP 的器件的实时 LWIR 图像（见彩插）

图 4.16 展示了基于 G/PP 的器件的可逆性。在施加 0.8 V 的溶解电压 50 s 后，基于 G/PP 的器件表观温度恢复至初始状态，电沉积的 Ag 被再次溶解到电解质中。

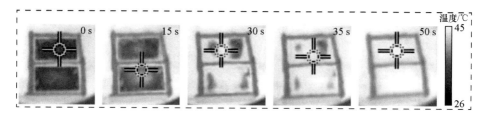

图 4.16　第 1 次溶解过程中基于 G/PP 的器件的实时 LWIR 图像（见彩插）

4.3.2　基于 G/ZnO/BaF$_2$ 基底的器件

将 BaF$_2$-ZnO-1-4G 基底组装到可逆 Ag 电沉积系统中，称之为基于

第 4 章
基于石墨烯的可逆 Ag 电沉积器件

G/BaF$_2$ 的器件。如图 4.17 所示，与基于 G/PP 的器件类似，基于 G/BaF$_2$ 的器件可通过 Ag 在石墨烯电极上的沉积和溶解实现表面发射率的实时调控。

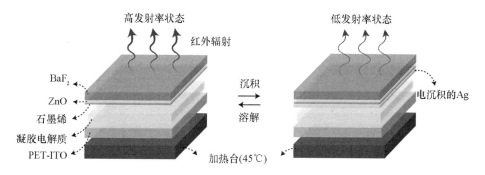

图 4.17 基于 G/BaF$_2$ 的器件电沉积前后的示意图（见彩插）

如图 4.18 所示，基于 G/BaF$_2$ 的器件在 −2.5 V 的电压下沉积 30 s 后，其初始半透明状态逐渐过渡为表面被连续且致密的 Ag 膜覆盖状态。

图 4.18 基于 G/BaF$_2$ 的器件电沉积 30 s 前后的图像（见彩插）

图 4.19 记录了基于 G/BaF$_2$ 的器件在 55℃加热台上前 5 次电沉积过程中的实时 LWIR 图像。从图中可以看出，基于 G/BaF$_2$ 的器件在红外调控均匀性、表观温度转变速度、稳定循环性上的表现比基于 G/PP 的器件有一定优势。在电沉积 30 s 内，基于 G/BaF$_2$ 的器件在 5 次电沉积过程中的表观温度均呈现大幅度下降，下降幅度达到 20.5℃（从 50℃下降至 29.5℃）。由于 BaF$_2$ − ZnO − 1 − 4G 基底具有相对较低方阻与更平坦表面，电沉积的 Ag 可以更快、更均匀沉积至石墨烯电极表面，形成连续金属膜抑制下层凝胶电解质所辐射热量，使该器件红外调控均匀性与表观温度转变速度明显优于基于 G/PP 的器件。另外，基于 G/BaF$_2$ 的器件电极表面缺陷更少，电极表面更为

基于可逆银电沉积的变红外发射率器件
Variable Infrared Emittance Devices Based on Reversible Silver Electrodeposition

平整，以及刚性电极表面能使电沉积过程更均匀等因素，基于 G/BaF$_2$ 的器件显示出较为优秀的循环稳定性，可稳定循环 4 次以上，且性能没有明显下降。但在第 5 次电沉积过程中，器件表观温度分布开始不均匀。

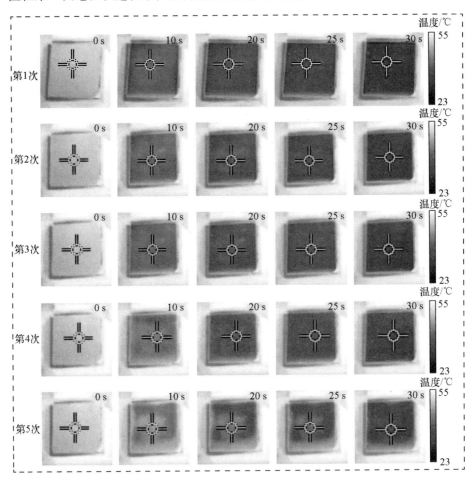

图 4.19　前 5 次电沉积过程中基于 G/BaF$_2$ 的器件的实时 LWIR 图像（见彩插）

图 4.20 展示了基于 G/BaF$_2$ 的器件优于基于 G/PP 的器件的可逆性，在施加 0.8 V 的溶解电压 40 s 后，基于 G/BaF$_2$ 的器件表观温度恢复至初始状态，即电沉积的 Ag 被再次溶解于电解质中。此外，由于更低方阻和更平整电极表面，与基于 G/PP 的器件相比，基于 G/BaF$_2$ 的器件在溶解过程中表现出更好

的表观温度变化速度和变化均匀性。

图 4.20　第 1 次溶解过程中基于 G/BaF$_2$ 的器件的实时 LWIR 图像（见彩插）

总体来说，石墨烯作为电极在可逆 Ag 电沉积体系中的循环性能较差，可能原因如下：其一，本书所使用的石墨烯为 CVD 工艺制备的多晶单层石墨烯膜，其表面存在较多缺陷和晶界，因而难以承受多次金属沉积和溶解时应力的作用；其二，通过逐层堆叠方式制备的多层石墨烯的层与层之间以较弱的范德瓦尔斯力结合，电解质中的离子或者沉积的金属可能在沉积和溶解过程中嵌入多层石墨烯电极层间，对电极整体的力学性能产生了破坏；其三，湿法转移的过程中难免对石墨烯产生二次破坏，引入了更多的缺陷，从而使石墨烯电极更容易遭受破坏。

4.4　本章小结

本章通过湿法转移工艺在不同红外透明基底上转移了不同层数石墨烯，利用不同表征手段对该石墨烯电极的红外透明性和导电性进行了分析和表征，并在此基础上制备出基于石墨烯的可逆 Ag 电沉积器件，主要结论如下：

（1）石墨烯在可逆 Ag 电沉积体系中具有红外调控潜力。采用逐层堆叠的湿法转移工艺，可以将多层石墨烯膜完整有效转移至 SiO$_2$/Si 基底上。对 SiO$_2$/Si 基底上四层石墨烯进行电沉积后，薄膜表层形成连续金属薄膜，该金属膜经 LWIR 相机和光谱仪验证可反射或抑制热辐射。

（2）通过表面改性可将石墨烯转移至 PP 膜和 BaF$_2$ 等红外透明基底上。通过对具有低表面能的 PP 膜和具有轻微水溶解性的 BaF$_2$ 基底分别进行表面氧等离子体的处理和磁控溅射 ZnO 保护膜，实现了石墨烯在这两类红外基底上的有效转移。光谱实验表明上述表面处理方式对 PP 膜和 BaF$_2$ 基底红外透

基于可逆银电沉积的变红外发射率器件
Variable Infrared Emittance Devices Based on Reversible Silver Electrodeposition

明性影响较小。但随石墨烯层数增加，基底红外透明性略有降低，导电性可明显增强。

（3）通过多种手段表征了基于石墨烯的器件的动态红外特性。据 LWIR 相机显示，在 -2.5 V 沉积电压下，基于 G/PP 的器件能实现金属在石墨烯电极上沉积，并将石墨烯红外透过部分逐渐转化为红外反射，使该器件实现由高发射率状态到低发射率状态的转变，但基于 G/PP 的器件存在表观温度变化分布不均匀且循环稳定性较差的问题。同样地，在 -2.5 V 沉积电压下，基于 G/BaF_2 的器件可实现 Ag 在石墨烯电极上沉积，完成器件从高发射率状态到低发射率状态的转变。与基于 G/PP 的器件相比，基于 G/BaF_2 的器件展现出更优的调控均匀性和循环稳定性。这可能是因为 ZnO/BaF_2 基底上的石墨烯缺陷较少，表面更为平整，且刚性更好，因而更有利于金属的均匀沉积。

第 5 章
器件的多功能化

前两章分别研究了纳米 Pt 薄膜和石墨烯在可逆 Ag 电沉积器件中的动态红外特性。由于纳米 Pt 薄膜性能更好、制备工艺简单且廉价，本章选择了性能更优异的纳米 Pt 薄膜作为代表电极开展了器件多功能化的探索。首先，通过掩模版对纳米 Pt 薄膜进行图案化，制备出了具有 3×3 阵列显示能力的器件，展现了器件多像素化的潜力。其次，通过对纳米 Pt 薄膜添加导电网格，提高了沉积电压分布均匀性，制备出了有效面积放大的器件。再次，通过将基底替换成粗糙 BaF_2 基底或柔性 PP 膜，分别制备出了基于漫反射调控和具有柔性的变红外发射率器件。最后，通过添加 Cr_2O_3 光学干涉层，制备出了在可见光波段具有一定调控能力的变红外发射率器件。上述多种方案为该变红外发射率器件适应复杂背景环境和多重伪装需求奠定了一定基础。

5.1 多像素化和有效面积放大

5.1.1 多像素化

多像素化能力使器件能适应复杂背景环境，并在红外伪装中产生更具迷惑性的信号。本节采用添加掩模版的方式，实现了纳米 Pt 薄膜和 ITO 电极的图案化，并通过对电路重新设计，实现了器件的多像素化。

图 5.1 为基于纳米 Pt 薄膜器件的 3×3 阵列。多像素化后的器件具有以下特点：第一，当对该阵列中所有像素块施加 $-2.2\ V$ 并沉积 15 s 后，每个像素

基于可逆银电沉积的变红外发射率器件
Variable Infrared Emittance Devices Based on Reversible Silver Electrodeposition

块均由浅灰色转变为银白色,这表明阵列中的每个像素块都具备电沉积能力;第二,沉积的 Ag 膜在每个像素块上都能分布均匀,这表明该阵列型器件中的每个像素块都能实现均匀的电沉积。

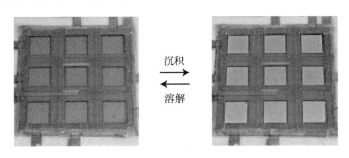

图 5.1 器件多像素化后 3×3 阵列(见彩插)

为了验证器件在红外波段下的多像素化能力,通过红外相机验证了该阵列的像素块可独立进行发射率调控,以及该阵列可对不同像素块进行选择性控制。

如图 5.2 所示,将该阵列放置于 50℃ 加热台上,并通过 LWIR 相机观察其在电沉积过程中的动态红外特性。当对不同像素块进行选择性电沉积后,

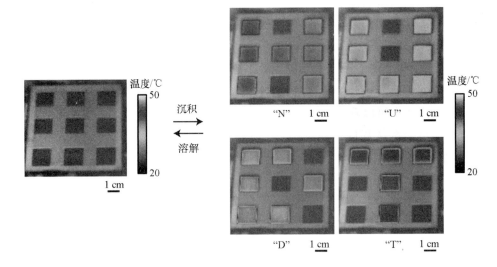

图 5.2 器件多像素化后动态 LWIR 图像(见彩插)

该阵列可显示出含有不同表观温度的"N"、"U"、"D"和"T"四个字母图案,这表明阵列中每个像素块均具备发射率调控能力,且阵列中的像素块能进行选择性控制并在红外相机中展示出简单的图案。总的来说,器件经过简单的设计加工就能实现多像素化,具有适应复杂背景环境的应用前景。

5.1.2 有效面积放大

在第 3 章中进行测试的器件有效面积仅为 5 cm^2。若直接将器件的有效面积放大会产生如下问题:沉积电压在扩大后的顶电极面内分布不均,导致金属会优先在器件边缘处沉积,从而造成器件表观温度从边缘处开始降低。

将器件的有效面积放大而不影响其发射率调控均匀性主要有以下几种方法:其一,增加 Pt 薄膜的厚度;其二,提升沉积电压;其三,在 Pt 薄膜上添加导电网格以改善其导电均匀性。由于前两种方式会带来一定的负面影响,比如,Pt 薄膜厚度增加会降低器件发射率调控范围,沉积电压过高会导致电解质被分解,因此设计并添加有效的导电网格是更优选择。

通过在面积为 20 cm^2 的纳米 Pt 薄膜中间添加十字形导电网格,制备出有效面积放大 4 倍的放大型器件(从 5 cm^2 放大至 20 cm^2)。如图 5.3 所示,在该器件中,顶电极上添加的十字形导电网格可增加沉积电压分布均匀性,因此器件在发射率调控范围不变的同时能实现发射率的均匀变化。需要注意的是,额外添加的导电网格外侧需用胶带或树脂进行密封,以隔绝其与电解质的接触。这样做有两个目的:其一,防止电解质对导电网格的腐蚀;其二,防止金属在导电性更好的网格表面沉积。

从图 5.3 中可以看出,对器件施加 -2.2 V 电压并使其沉积 15 s 后,该器件的四个区域都从灰色变成了银白色,表明 Ag 在这四个区域内都能有效沉积。沉积的 Ag 膜在这四个区域内均呈现均匀分布,初步表明该方法能实现 Ag 的均匀沉积。此外,从图中可观察到,沉积 15 s 后,器件表面会残留一些未沉积金属的孔洞。造成这些孔洞的原因如下:凝胶电解质中存在气泡,导致电解质在气泡区域与顶电极 Pt 无法紧密接触,表现出未沉积的点状区域。

基于可逆银电沉积的变红外发射率器件
Variable Infrared Emittance Devices Based on Reversible Silver Electrodeposition

图5.3　器件有效面积放大4倍后的图像（见彩插）

采用红外相机对器件在红外波段下的发射率调控幅度和变化均匀性进行了表征。如图5.4所示，将放大型器件放置于50℃加热台上，并通过LWIR相机观察其动态红外特性。当施加-2.2 V的电压后，该器件在不同沉积时间下均能显示较均匀的表观温度分布，这表明该器件发射率调控均匀性在放大后未受较大影响。当沉积超过10 s后，器件的表观温度经历了较大幅度下降，与第3章中未放大器件的表观温度下降幅度基本一致。因此，器件在保持其动态红外特性的同时实现了对原始器件有效面积的放大。

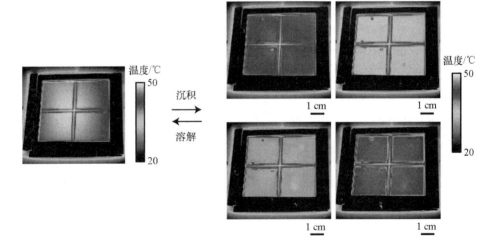

图5.4　器件有效面积放大4倍后的动态LWIR图像（见彩插）

5.2 多基底兼容性

多基底兼容性能为器件带来更多的功能,比如,粗糙基底可为器件带来漫反射调控模式,柔性基底可为器件带来柔性。本节将抛光 BaF₂ 基底替换为粗糙 BaF₂ 基底和柔性 PP 膜,为器件在红外波段实现漫反射调控和柔性化奠定了基础。

5.2.1 基于粗糙 BaF₂ 基底的器件

采用基于抛光 BaF₂ 基底的器件存在以下问题:Ag 沉积在抛光 BaF₂ 基底上为镜面状态,镜面状态的金属会将器件外部热通量镜面反射至某一角度,并在特定场景下造成红外伪装的失效。若将金属沉积到粗糙 BaF₂ 基底表面,则沉积的金属也将具有粗糙表面,从而将器件外部热通量漫反射至周围环境。由于纳米 Pt 薄膜也可以在粗糙表面进行气相沉积,本节尝试在粗糙 BaF₂ 基底沉积纳米 Pt 薄膜,并以 Pt/粗糙 BaF₂ 基底作为电沉积器件的顶电极,实现了沉积金属的表面粗糙化。

图 5.5 为低发射率状态下基于抛光 BaF₂ 基底和基于粗糙 BaF₂ 基底的器件在外部热通量照射下的红外反射对比示意图。由左侧示意图可知,低发射率

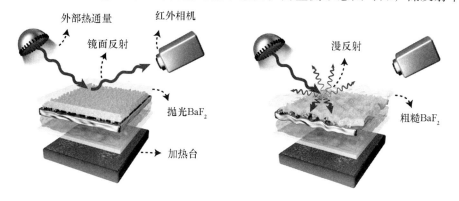

图 5.5 基于抛光 BaF₂ 基底和基于粗糙 BaF₂ 基底的器件红外反射示意图(见彩插)

基于可逆银电沉积的变红外发射率器件
Variable Infrared Emittance Devices Based on Reversible Silver Electrodeposition

状态下，基于抛光 BaF_2 基底的器件可通过顶电极上沉积的金属抑制加热台传导上来的热量。但照射于器件表面的外部热通量会在其顶部金属层产生镜面反射，并从一定角度反射出去，最终被固定于某一角度的红外相机所探测。然而，右侧示意图中处于低发射率状态下的基于粗糙 BaF_2 基底的器件不仅能抑制下侧加热台传导上来的热量，也可漫反射照射在其表面的热通量，从而有效减少红外相机所探测到的辐射强度。

5.2.2　Pt/粗糙 BaF_2 基底光谱特征

为探究 Pt/粗糙 BaF_2 基底在可逆 Ag 电沉积器件中的动态红外调控潜力，对具有不同 Pt 厚度的 Pt/粗糙 BaF_2 基底进行了红外光谱测试，结果如图 5.6 所示。从图 5.6（a）中可以看出，当 Pt 薄膜厚度从 0 nm 增加到 20 nm 时，Pt/粗糙 BaF_2 基底红外透过率呈现大幅度下降趋势。在波长 10 μm 处，其红外透过率从 0 nm 时的 90.4% 下降到 20 nm 时的 9.6%，表明 Pt 薄膜的厚度对粗糙 BaF_2 基底红外透过率有较大影响，且与图 3.2（a）中 Pt 薄膜在抛光 BaF_2 基底上的趋势较为接近。从图 5.6（b）中可以看出，Pt/粗糙 BaF_2 基底红外反射率并未随 Pt 薄膜厚度增加而显著增加。其在波长 10 μm 处的红外反射率从 Pt 厚度为 0 nm 时的 5.6% 缓慢上升至 20 nm 时的 27.6%。与 3.1.2 节中 Pt 在抛光 BaF_2 基底上的反射规律不同的是，在粗糙 BaF_2 基底上，Pt 薄膜红外反射率随厚度增加更为缓慢。原因如下：粗糙表面的 Pt 更难形成连续且导电的薄膜，因而其内部的自由电子对电磁波难以实现有效屏蔽与反射。如图 5.6（c）所示，Pt/粗糙 BaF_2 基底在波长 10 μm 处的红外吸收率从 0 nm 时的 4.0% 上升至 15 nm 时的 66.2%，然后下降至 20 nm 时的 62.6%。由此可见，Pt 薄膜在粗糙 BaF_2 基底表面也能产生较强的吸收，甚至高于 Pt 薄膜在抛光 BaF_2 基底上的吸收率。原因如下：粗糙表面沉积的 Pt 薄膜可能具有更多缺陷，且电磁波在粗糙表面可能会产生多次反射。这些因素叠加使得 Pt/粗糙 BaF_2 基底具有比 Pt/BaF_2 基底更高的反射率。图 5.6（d）为覆盖标准金膜的粗糙 BaF_2 基底在红外波段的反射率曲线。由于标准金膜在红外光谱中的总反射率为 100%，通过公式：粗糙 BaF_2 基底的总红外吸收率（%）= 100% - 覆盖标准金膜的粗糙 BaF_2 基底的反射率（%），可计算粗糙 BaF_2 基底的吸收率。

根据前面结论，电沉积的金属可将 Pt 薄膜在红外波段的透射部分和吸收

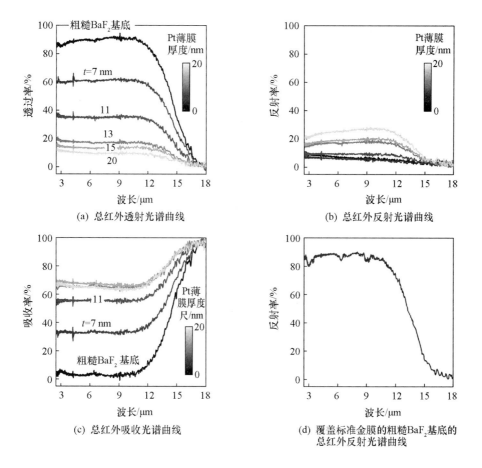

(a) 总红外透射光谱曲线　　(b) 总红外反射光谱曲线

(c) 总红外吸收光谱曲线　　(d) 覆盖标准金膜的粗糙BaF₂基底的总红外反射光谱曲线

图 5.6　Pt/粗糙 BaF₂ 基底在红外波段的光谱响应（见彩插）

部分转化为红外反射，以实现器件发射率的调控。因此，为获得 Pt/粗糙 BaF₂ 基底的最大发射率调控范围，对该基底在 3～14 μm 波段内的平均红外透过率（T%）、平均红外反射率（R%）、Pt 薄膜产生的平均红外吸收率（PA%）和基底产生的平均红外吸收率（SA%）进行了计算，如图 5.7 所示。

从图中可以看出，粗糙 BaF₂ 基底产生的平均红外吸收率为 19.6%。Pt/粗糙BaF₂ 基底的平均红外吸收率在 Pt 厚度为 7 nm 时占据总光谱响应的 16.1%，并在 Pt 厚度为 15 nm 时达到吸收率峰值（49.0%）。Pt/粗糙 BaF₂ 基底的平均红外透过率则从 7 nm 时的 58.9% 一直下降到 20 nm 时的 9.4%。其平均红外反射率则从 7 nm 时的 5.4% 缓慢上升到 20 nm 时的 24.4%。因而，

Pt/粗糙 BaF₂ 基底的最大发射率调控范围可通过 PA% 和 T% 部分相加获得，分别为 75.0%（7 nm）、71.6%（11 nm）、64.1%（13 nm）、62.3%（15 nm）和 56.0%（20 nm）。

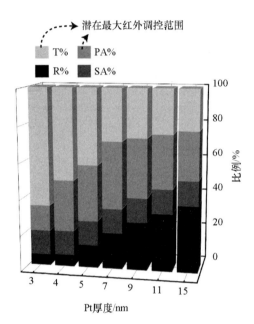

图 5.7　Pt/粗糙 BaF₂ 基底在 3~14 μm 波段范围内光谱响应百分比图（见彩插）

5.2.3　Pt/粗糙 BaF₂ 基底导电性

Pt 薄膜在粗糙 BaF₂ 基底表面的导电性关乎器件的众多性能。若导电性较差，则金属难以在粗糙表面进行均匀沉积。在图 5.8 中，对比了抛光 BaF₂ 基底和粗糙 BaF₂ 基底上不同厚度纳米 Pt 薄膜的方阻。在抛光 BaF₂ 基底上，Pt 薄膜的方阻从 1 nm 时的 12 000 Ω/sq 降低到 20 nm 时的 18.9 Ω/sq。在粗糙 BaF₂ 基底上，Pt 薄膜的方阻则从 7 nm 时的 42 000 Ω/sq 降低到 20 nm 时的 95 Ω/sq。由图可知，当 Pt 薄膜厚度均为 7 nm 时，粗糙 BaF₂ 基底上 Pt 薄膜的方阻（4 200 Ω/sq）是抛光 BaF₂ 基底上（62.7 Ω/sq）的 66.9 倍。这表明粗糙 BaF₂ 基底上 Pt 薄膜较难形成均匀镀层与有效电逾渗，因而需蒸镀更厚 Pt 才能达到理想且适于电沉积的导电性。当粗糙 BaF₂ 基底上 Pt 薄膜厚度增加至

13 nm（270 Ω/sq）时，其方阻将接近抛光 BaF_2 基底上 Pt 薄膜为 3 nm 时（253 Ω/sq）的方阻。推测在该厚度下 Pt 薄膜在器件中能实现较均匀的沉积。在后续研究中，将选择 13 nm Pt/粗糙 BaF_2 基底作为基于粗糙表面器件的顶电极。

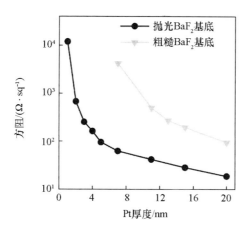

图 5.8　抛光 BaF_2 和粗糙 BaF_2 基底上不同厚度 Pt 薄膜的方阻对比图

5.2.4　Pt/粗糙 BaF_2 基底表面粗糙度

BaF_2 基底的表面粗糙度对器件的性能有较大影响。其一，基底的粗糙度会影响其上 Pt 薄膜的性能。若粗糙度越大，则需要沉积更厚的 Pt 以满足器件对顶电极导电性的要求。其二，基底的粗糙度会直接影响沉积在其表面的金属的粗糙度。若粗糙度仅为纳米尺度，沉积在其表面的金属对红外辐射产生不了太大影响。若粗糙度处于红外波长尺度，沉积在其表面的金属将对红外辐射产生较强漫反射。首先，通过原子力显微镜对 Pt/粗糙 BaF_2 基底进行表征。但由于其表面过于粗糙，普通原子力显微镜无法获取其表面信息。因而，在本节中采用数码超景深显微镜系统对 Pt/粗糙 BaF_2 基底表面（Pt 厚度为 13 nm）进行了表征。如图 5.9 所示，该粗糙 BaF_2 基底的表面粗糙度在微米量级，并且其表面高低起伏最大差值接近 10 μm。因此，若沉积的金属能完整覆盖其整个粗糙表面，那将会形成粗糙度与红外辐射波长尺度相接近的粗糙金属层，这有助于器件实现以漫反射为主的动态红外调控。

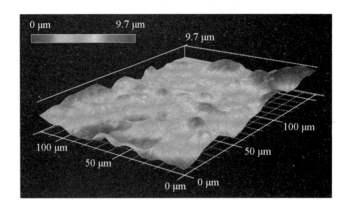

图 5.9　Pt/粗糙 BaF$_2$ 表面 3D 图像（见彩插）

5.2.5　基于 Pt/粗糙 BaF$_2$ 基底的器件

为制备基于粗糙 BaF$_2$ 基底的可逆 Ag 电沉积器件，本节选择 Pt 厚度为 13 nm 的 Pt/粗糙 BaF$_2$ 基底（270 Ω/sq）作为器件的顶电极。

如图 5.10 所示，基于粗糙 BaF$_2$ 的器件在 −2.5 V 下沉积 20 s 后，其颜色发生了较为显著的变化。从初始状态的深灰色变为电沉积后稍微泛白的银灰色，并且器件内颜色分布十分均匀。该结果表明 Ag 能有效且均匀沉积到粗糙度较大的 Pt/粗糙 BaF$_2$ 基底上。

图 5.10　基于粗糙 BaF$_2$ 基底的可逆 Ag 电沉积器件在电沉积 20 s 前后的图像（见彩插）

第5章
器件的多功能化

5.2.5.1 器件的红外反射光谱曲线

为对比基于抛光 BaF_2 基底的器件（器件-3）和基于粗糙 BaF_2 基底的器件在电沉积前后实时红外反射光谱曲线以及镜面反射部分和漫反射部分各占总反射率的比例，本节使用配备有可变角度镜面反射附件的 FTIR 光谱仪测量上述两种器件的实时镜面红外反射光谱曲线（标准参考样为镜面金膜）。同时，使用配备有中红外积分球的 FTIR 光谱仪测量这两种器件的实时总红外反射光谱曲线。根据式（2.2），可计算出器件实时红外漫反射光谱曲线。

图 5.11 为基于抛光 BaF_2 基底和基于粗糙 BaF_2 基底的器件在电沉积前后的实时总红外反射光谱曲线。图中实时镜面红外反射光谱曲线和实时漫反射红外光谱曲线分别由虚线和点线表示。

如图 5.11（a）所示，基于抛光 BaF_2 基底的器件在电沉积 15 s 后（沉积电压为 -2.2 V），其光谱中镜面反射部分占据总反射率的 96%。如图 5.11（b）所示，基于粗糙 BaF_2 基底的器件在电沉积 20 s 后（沉积电压为 -2.5 V），其光谱中漫反射部分则占据总反射率的 95%。上述结果表明，基于抛光 BaF_2 基底的器件在低发射率状态下以镜面反射为主，而基于粗糙 BaF_2 基底的器件在低发射率状态下以漫反射为主，证明器件基底表面粗糙度对外部红外辐射的反射模式有较大影响。

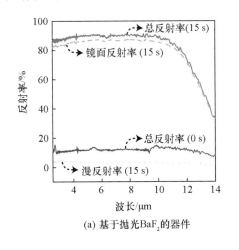
(a) 基于抛光 BaF_2 的器件

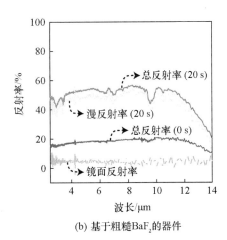
(b) 基于粗糙 BaF_2 的器件

图 5.11 不同器件实时红外反射光谱曲线（见彩插）

基于可逆银电沉积的变红外发射率器件
Variable Infrared Emittance Devices Based on Reversible Silver Electrodeposition

5.2.5.2 器件在不同外部热源下的动态红外特性

红外反射光谱曲线区分了上述两种器件对红外辐射的不同反射模式。本节直接通过 LWIR 相机表征两种器件在不同外部热通量照射下的动态红外特性。

图 5.12 为测试实验装置。首先，将两种器件分别固定于 50℃ 加热板之上。然后，在器件上方 45°方向放置外部热源（功率可调的红外灯）模拟两种器件对不同外部热通量的响应模式。

图 5.12 50℃外部热源下固定于加热板的基于粗糙 BaF_2 的器件（见彩插）

为验证基于粗糙 BaF_2 基底的可逆 Ag 电沉积器件优势，使用 LWIR 相机记录上述两种器件在不同外部热通量下的红外响应。如图 5.13 所示，在没有外部热通量情况下（环境温度为 20℃ 时），基于粗糙 BaF_2 基底的器件在 LWIR 图像中展现出 8.1℃表观温度下降，该温度变化小于基于抛光 BaF_2 基底的器件(20.7℃)。其原因可能是沉积的金属更难在粗糙 BaF_2 表面形成致密且连续的金属膜。

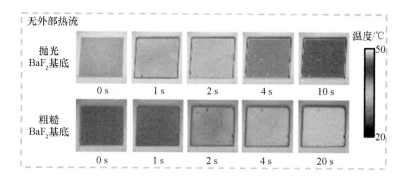

图 5.13 基于抛光 BaF₂ 基底和基于粗糙 BaF₂ 基底的器件实时 LWIR 图像（见彩插）

从图 5.13 中可看出，最低发射率状态下，基于粗糙 BaF₂ 基底的器件表观温度比基于抛光 BaF₂ 基底的器件高接近 12℃。可能原因是：Pt/粗糙 BaF₂ 基底 Pt 侧在电沉积后未被 Ag 完全覆盖。为验证这一猜想，对沉积金属后的 Pt/粗糙 BaF₂ 表面进行了微观形貌表征。

虽然沉积的金属能均匀覆盖于该粗糙表面，但其表面存在众多裂缝、间隙和垂直台阶等区域，而这些区域未被沉积的金属膜完全覆盖，如图 5.14 所示。未沉积金属的区域不能有效抑制高发射电解质层所辐射的能量。另外，这些不连续且破损的区域会通过局域表面等离子体效应增加金属对电磁波的吸收。上述两种原因可能综合导致了基于粗糙 BaF₂ 基底的器件难以提供与基于抛光 BaF₂ 基底的器件相类似的低发射率状态。

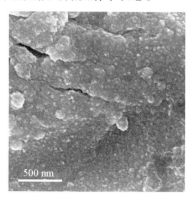

图 5.14 13 nm Pt/粗糙 BaF₂ 基底上电沉积 20 s 后 Ag 膜的表面形貌（见彩插）

基于可逆银电沉积的变红外发射率器件
Variable Infrared Emittance Devices Based on Reversible Silver Electrodeposition

如图 5.15 所示，当外部热通量升至 40℃时，基于粗糙 BaF$_2$ 基底的器件在 LWIR 图像中展现出 6.3℃表观温度下降，基于抛光 BaF$_2$ 基底的器件仅有 7.6℃表现温度下降。当外部热通量进一步上升至 50℃时，基于粗糙 BaF$_2$ 基底的器件在 LWIR 图像中展现 6.2℃表观温度下降，基于抛光 BaF$_2$ 基底的器件此时几乎无明显表观温度变化（1.4℃）。当外部热通量上升至 60℃时（即

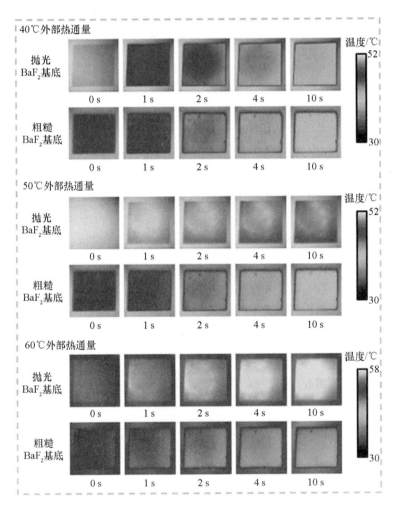

图 5.15　不同热通量下基于抛光 BaF$_2$ 基底和
基于粗糙 BaF$_2$ 基底的器件实时 LWIR 图像（见彩插）

超过加热板50℃温度时），基于粗糙 BaF_2 基底的器件在 LWIR 图像中仍具有 4.3℃表观温度下降，而基于抛光 BaF_2 基底的器件随电沉积进行表观温度不断攀升，最终较其初始状态升高4℃。该实验表明，基于粗糙 BaF_2 基底的器件在高于环境的外部热通量照射时，既能通过其顶部粗糙 Ag 层抑制下侧加热台传递上来的热量，又能将外部热通量漫反射至各个方向，从而减少外部热源照射时 LWIR 相机所探测到的总辐射量。

5.2.6 基于柔性 PP 膜的器件

除上述将抛光基底替换成粗糙基底外，还可以将刚性基底替换为柔性基底。图 5.16 为基于柔性 PP 膜的可逆 Ag 电沉积器件的示意图。当刚性 BaF_2 基底被替换为柔性且宽波段红外透明的 PP 膜后，器件可获得一定程度柔性，还可获得更宽的红外调制波段，这为器件实现柔性或宽波段红外调控提供了一些思路。

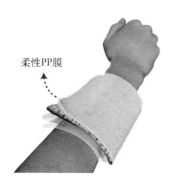

图 5.16　基于柔性 PP 膜的器件示意图（见彩插）

5.2.7　Pt/柔性 PP 膜光谱特性

组装柔性器件前，需对柔性 PP 膜上不同厚度的纳米 Pt 薄膜进行红外光谱分析。图 5.17 为 Pt/柔性 PP 膜在红外波段的光谱响应。由图 5.17（a）可知，当 Pt 薄膜厚度从 0 nm 增加到 20 nm 时，其红外透过率呈大幅度下降趋势，从 0 nm 时的 92.2% 下降到 20 nm 时的 20.5%。从图 5.17（b）中可以看

基于可逆银电沉积的变红外发射率器件
Variable Infrared Emittance Devices Based on Reversible Silver Electrodeposition

出，Pt/柔性 PP 膜红外反射率上升幅度明显小于其透过率下降幅度，在 12 μm 处从 0 nm 时的 9.5% 逐渐上升至 20 nm 时的 43.7%。如图 5.17（c）所示，Pt/柔性 PP 膜在红外波段也具有明显的吸收，且在 Pt 厚度为 7 nm 时达到峰值。图 5.17（d）中呈现了柔性 PP 膜在整个红外波段吸收率。通过公式：柔性 PP 基底的总红外吸收率（%）= 100% − 柔性 PP 膜所覆盖标准金膜的反射率（%），可计算柔性 PP 膜的红外吸收率。

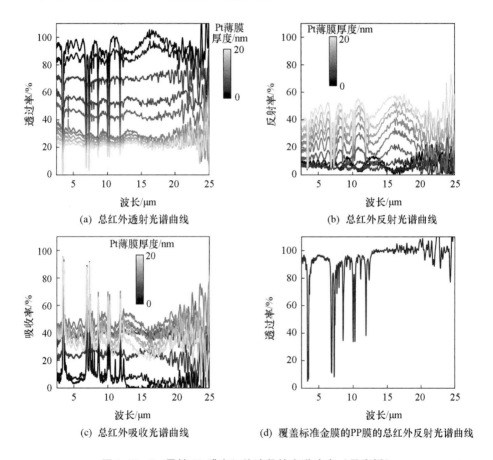

(a) 总红外透射光谱曲线　　(b) 总红外反射光谱曲线

(c) 总红外吸收光谱曲线　　(d) 覆盖标准金膜的PP膜的总红外反射光谱曲线

图 5.17　Pt/柔性 PP 膜在红外波段的光谱响应（见彩插）

为获得 Pt/柔性 PP 膜在电沉积器件中的最大发射率调控范围，计算了该基底在 3~14 μm 波段内的平均红外透过率（T%）、平均红外反射率（R%）、Pt 薄膜产生的平均红外吸收率（PA%）和基底产生的平均红外吸收率

(SA%) 占其总光谱响应的比例,如图 5.18 所示。

由图可知,Pt/柔性 PP 膜产生的平均红外吸收率保持不变(13.7%)。当 Pt 厚度为 3 nm 时,Pt 薄膜产生的平均红外吸收率占总光谱响应 14.4%;当厚度为 7 nm 时,吸收率占比达到峰值(37.4%)。Pt/柔性 PP 膜平均红外透过率从 3 nm 时的 65.8% 下降到 15 nm 时的 22.4%。同时,其平均红外反射率从 3 nm 时的 6.1% 缓慢上升至 15 nm 时的 37.0%。因此,Pt/柔性 PP 膜的最大发射率调控范围可通过 PA% 和 T% 部分相加获得,分别为 80.2%(3 nm)、79.8%(4 nm)、73.7%(5 nm)、66.2%(7 nm)、59.7%(9 nm)、54.3%(11 nm)和 49.2%(15 nm)。

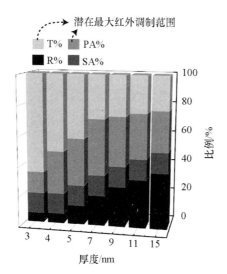

图 5.18　Pt/柔性 PP 膜在 3~14 μm 波段范围内光谱响应百分比图(见彩插)

5.2.8　Pt/柔性 PP 膜导电性

图 5.19 为电子束蒸发在抛光 BaF_2 基底和柔性 PP 膜上不同厚度纳米 Pt 薄膜的方阻对比图。在柔性 PP 膜上,Pt 薄膜方阻从 2 nm 时的 12 800 Ω/sq 降低到 20 nm 时的 48 Ω/sq。由此可看出,Pt 厚度为 2 nm 时,柔性 PP 膜上 Pt 薄膜方阻(12 800 Ω/sq)是抛光 BaF_2 基底上 Pt 薄膜方阻(678 Ω/sq)的 18.9 倍。

由图可知，柔性 PP 膜沉积的 Pt 薄膜导电性介于抛光 BaF$_2$ 基底和粗糙 BaF$_2$ 基底之间。主要原因如下：其一，在化学惰性的柔性 PP 膜上，Pt 薄膜更难产生有效电逾渗，因而需要蒸镀更厚的 Pt 层才能达到适合于电沉积的方阻；其二，由于 PP 膜表面比粗糙 BaF$_2$ 基底要光滑许多，因而在 PP 膜上 Pt 膜的方阻下降更快。此外，当柔性 PP 膜上 Pt 薄膜厚度增加至 7 nm 时其方阻（225 Ω/sq）较为接近抛光 BaF$_2$ 基底上 Pt 薄膜厚度为 3 nm 时的方阻（253 Ω/sq）。在后续研究中，选择 7 nm 的 Pt/柔性 PP 基底作为基于柔性 PP 膜器件的顶电极。

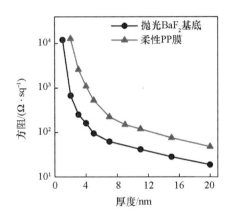

图 5.19 抛光 BaF$_2$ 基底和柔性 PP 膜上不同厚度纳米 Pt 薄膜的方阻对比图

5.2.9 基于 Pt/柔性 PP 膜的器件

为制备基于柔性 PP 膜的可逆 Ag 电沉积器件，选择 Pt 厚度为 7 nm（225 Ω/sq）的 Pt/柔性 PP 膜作为器件顶电极。如图 5.20 所示，基于柔性 PP 膜的器件在 −2.5 V 电沉积 25 s 后呈现稍泛白的银灰色，且颜色分布十分均匀。该结果表明 Ag 可有效且均匀沉积至 Pt/柔性 PP 膜表面。

5.2.9.1 器件的动态红外特性

为评估基于柔性 PP 膜的可逆 Ag 电沉积器件的动态红外特性，使用 LWIR 相机记录了该器件在电沉积过程中的红外响应（图 5.21）。从图中可以看出，器件表观温度从一开始的 44.5℃下降至电沉积 25 s 后的 29.2℃。此外，器件

第5章 器件的多功能化

图 5.20　基于柔性 PP 膜的可逆 Ag 电沉积器件电沉积后的图像（见彩插）

的表面存在一些明显线条，这些线条处的表观温度在电沉积过程中变化不太明显。因为电子束蒸发在柔性 PP 膜上制备 Pt 薄膜时，柔性 PP 膜受到了较强辐射加热效应，导致柔性 PP 膜在蒸镀过程中热胀冷缩，在其表面产生了一些褶皱和纹路。由于 Pt 薄膜在这些褶皱处的导电性弱于其他没有褶皱区域，因此 Ag 较难在这些区域沉积或在这些区域沉积较慢，因而在 LWIR 图像中呈现出表观温度变化不明显或不变化的线条状图案。

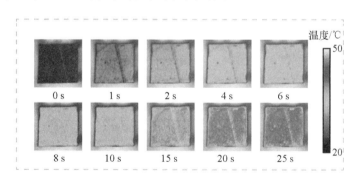

图 5.21　基于柔性 PP 膜的器件在电沉积过程中的实时 LWIR 图像（见彩插）

如图 5.22 所示，将基于柔性 PP 膜的可逆 Ag 电沉积器件放大 4 倍并贴于装有 50℃ 热水的马克杯表面。由图可知，由于 PP 膜具有较好柔性，该器件可贴合于弯曲的马克杯表面。

如图 5.23 所示，使用 LWIR 相机拍摄了该柔性器件在电沉积前后的 LWIR 图像。由图可知，该器件表观温度从一开始的 44.2℃ 下降至电沉积 25 s

图 5.22 贴在马克杯表面基于柔性 PP 膜的器件（见彩插）

后的 29.8℃。并且器件在电沉积 25 s 后，其表观温度分布较均匀，表明器件在放大且弯曲状态下 Ag 也能均匀沉积在其表面。

图 5.23 贴在马克杯表面基于柔性 PP 膜的器件在电沉积前后的 LWIR 图像（见彩插）

5.2.9.2 器件的红外反射光谱曲线

测量基于柔性 PP 膜的器件在 −2.5 V 沉积不同时间后的实时红外反射光谱，如图 5.24 所示。由图可知，随沉积时间增加，器件 FTIR 反射率逐渐增加，从沉积时间为 0 s 时的 25.9%（12 μm 处）增加到沉积时间为 25 s 时的 77.0%（12 μm 处）。同时，器件的反射光谱曲线在 MWIR 和 LWIR 波段中均能保持接近的高度，因此其动态红外调控效果在这两个波段内比较接近。此外，柔性 PP 膜在整个红外波段均具有高透过率，因此该器件在 2.5~25 μm 波段范围内均具备光谱调控能力，这为宽波段红外调控应用提供了一种潜在解决方案。

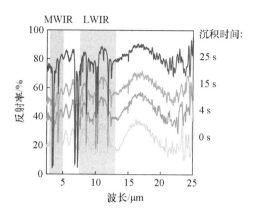

图 5.24　基于柔性 PP 膜的器件实时红外反射光谱曲线（见彩插）

5.3　可见光兼容性

在实际战场环境中，被伪装的物体（如各类军事装备和作战人员）需在多个波段（可见光、红外和雷达等波段）与背景环境相匹配才能实现较好伪装效果。对于大多数伪装场景而言，可见光和红外探测是最常见且应用最广泛的探测手段，因此优先实现这两个波段相兼容的动态伪装技术是当前迫切的军事需求，也是未来伪装技术发展的重要方向。在本节，通过简单的光学设计（即添加红外透明 Cr_2O_3 光学干涉层），基于纳米 Pt 薄膜的可逆 Ag 电沉积器件可实现部分可见光波段调控，且其动态红外调控能力不被削弱。

图 5.25 为加入 Cr_2O_3 层（处于 BaF_2 层和 Pt 层之间，厚度为可见光波段尺度）的可逆 Ag 电沉积器件在电沉积前后的示意图。由于 Cr_2O_3 层在可见光波段对光线具有叠加干涉效应，不同厚度 Cr_2O_3 层在器件初始状态下将产生不同颜色。同时，随着电沉积进行，对可见光波段具有高反射的 Ag 将被沉积到 Pt 薄膜表面，增加可见光波段光线在 Cr_2O_3 层下侧的反射。Ag 增加的反射将使器件在电沉积过程中实现一定变色效果。此外，作为光学干涉层的 Cr_2O_3 厚度较薄，且 Cr_2O_3 是无机氧化物，其本身在红外波段吸收较少，使得这些 Cr_2O_3 层也具有较好的红外透明性。因此，这些器件的动态红外特性在加入

基于可逆银电沉积的变红外发射率器件
Variable Infrared Emittance Devices Based on Reversible Silver Electrodeposition

Cr_2O_3 层后也未受到较大影响。

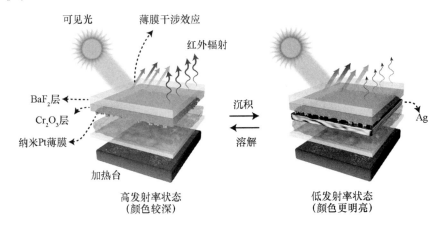

图 5.25 加入 Cr_2O_3 层的可逆 Ag 电沉积器件电沉积前后示意图（见彩插）

5.3.1 Cr_2O_3 层光谱特性

为测量 Cr_2O_3 层光学常数，本节使用了光谱椭偏仪对磁控溅射于抛光 BaF_2 基底上的 Cr_2O_3 层进行测量，获得了 Cr_2O_3 层在可见光波段的 ψ 和 Δ 值，并以此拟合了 Cr_2O_3 层的厚度。通过软件拟合计算，Cr_2O_3 层的厚度分别为 176 nm、234 nm、288 nm 和 349 nm。值得注意的是，在进行光谱椭偏测试前，需将 BaF_2 基底未沉积 Cr_2O_3 一侧机械打磨，以满足光谱椭偏仪测量要求。图 5.26（a）为 176 nm Cr_2O_3 层的光谱椭偏数据，图 5.26（b）为 234 nm Cr_2O_3 层的光谱椭偏数据，图 5.26（c）为 288 nm Cr_2O_3 层的光谱椭偏数据，图 5.26（d）为 349 nm Cr_2O_3 层的光谱椭偏数据。从最右侧 Cr_2O_3 层光学常数数值可以看出，不同厚度的 Cr_2O_3 层在可见光波段的光学常数非常接近，可推测磁控溅射制备 Cr_2O_3 层的工艺稳定。

第 5 章
器件的多功能化

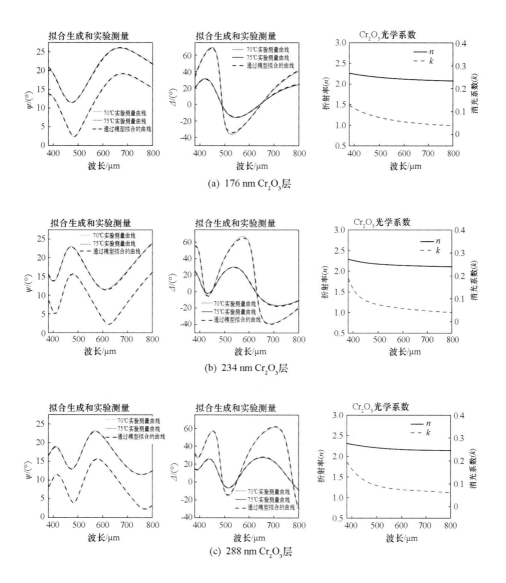

(a) 176 nm Cr$_2$O$_3$层

(b) 234 nm Cr$_2$O$_3$层

(c) 288 nm Cr$_2$O$_3$层

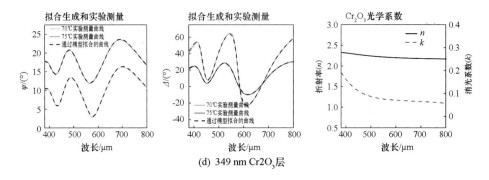

图 5.26 在 BaF_2 基底上通过磁控溅射制备的 Cr_2O_3 层的光谱椭偏参数图（见彩插）

5.3.2 器件在可见光波段特性

为评估加入 Cr_2O_3 层的可逆 Ag 电沉积器件在可见光波段颜色变化和光谱响应，将 Pt 薄膜（厚度 3 nm）沉积在 0 nm（即未沉积 Cr_2O_3 层）、176 nm、234 nm、288 nm 和 349 nm 的 Cr_2O_3/BaF_2 基底上，并以这些 $Pt/Cr_2O_3/BaF_2$ 基底作为顶电极组装器件。如图 5.27 所示，测试中发现当未沉积 Cr_2O_3 层时，器件在电沉积 15 s 后从深灰色变成了银白色；当加入 176 nm Cr_2O_3 层后，器件在电沉积过程中从深紫色变成了紫色；当加入 234 nm Cr_2O_3 层后，器件在电沉积过程中从深绿色变成了黄绿色；当加入 288 nm Cr_2O_3 层后，器件在电沉积过程中从深紫色变成了肉红色；当加入 349 nm Cr_2O_3 层后，器件在电沉积过程中从墨绿色变成了绿色。此外，与照片相对应的实时反射光谱曲线显示，器件沉积前后的可见光光谱曲线也发生较明显变化，侧面证明沉积过程可带来颜色的变化。

通过数码相机记录了不同厚度 Cr_2O_3 层的可逆 Ag 电沉积器件电沉积过程中的实时图像，如图 5.28 所示。由图可知，所有器件在电沉积过程中均经历了由暗变亮的过程。这证明沉积的 Ag 提升了器件在可见光波段的反射率，使器件颜色随着沉积时间增加而愈发明亮。

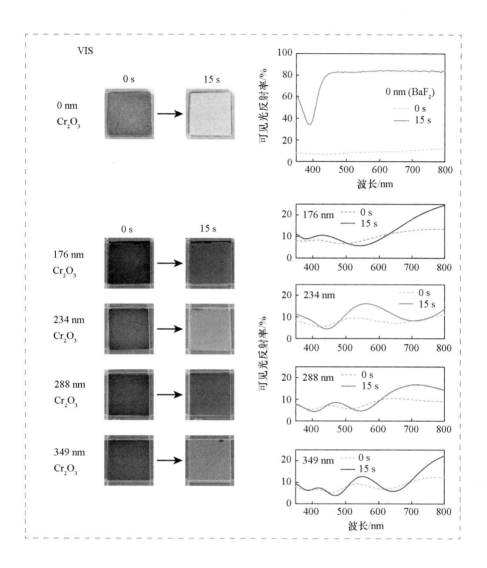

图 5.27 加入 Cr_2O_3 层的器件电沉积前后图像和实时可见光反射光谱曲线（见彩插）

基于可逆银电沉积的变红外发射率器件
Variable Infrared Emittance Devices Based on Reversible Silver Electrodeposition

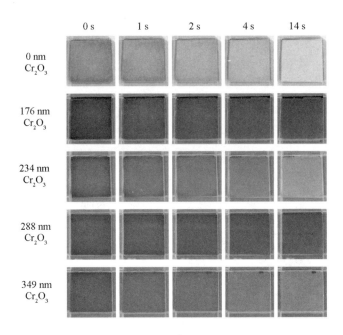

图 5.28　加入 Cr_2O_3 层的器件在电沉积过程中的实时图像（见彩插）

5.3.3　Cr_2O_3 层对 BaF_2 光谱性能影响

为探究不同厚度 Cr_2O_3 层对 BaF_2 基底在可见光和红外波段透过率的影响，对镀有不同厚度 Cr_2O_3 层的 BaF_2 基底进行了 UV/VIS/NIR 和 FTIR 透过率测量。在 UV/VIS/NIR 透射光谱测量中，研究人员使用了漫反射积分球（硫酸钡）进行透过率测量，测量波段为 0.3~2.5 μm。在 FTIR 透射光谱测量中，研究人员使用了漫反射积分球（金）进行透过率测量，测量波段为 2.5~16 μm。

在可见光波段（VIS），Cr_2O_3 层对 BaF_2 基底透过率产生了较大影响，越靠近紫外波段，透过率下降越明显，如图 5.29 所示。同时，镀有不同厚度 Cr_2O_3 层的 BaF_2 基底在可见光和近红外波段产生了较明显的波动曲线，这是 Cr_2O_3 层的厚度所造成的叠加干涉效应。在红外波段（MWIR 和 LWIR 波段），Cr_2O_3 层对 BaF_2 基底透过率影响较小，呈现出随 Cr_2O_3 层厚度增加，BaF_2 基底透过率缓慢下降的趋势。在波长为 4 μm 时（代表 MWIR 波段），BaF_2 基底

的透过率从未沉积 Cr_2O_3 时的 94.4%，下降到 Cr_2O_3 层为 176 nm 时的 87.6%、234 nm 时的 83.7%、288 nm 时的 80.8% 和 349 nm 时的 77.3%。在波长为 10 μm 时（代表 LWIR 波段），BaF_2 基底透过率从未沉积 Cr_2O_3 层时的 95.4%，下降到 Cr_2O_3 层为 176 nm 时的 89.6%、234 nm 时的 89.2%、288 nm 时的 86.6% 和 349 nm 时的 84.3%。由此可见，Cr_2O_3 层对 BaF_2 基底的红外透过率影响较小，并且其对 LWIR 波段透过率的影响比对 MWIR 波段更小。

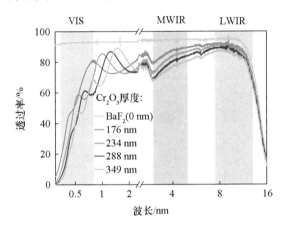

图 5.29 不同厚度 Cr_2O_3/BaF_2 基底在可见光至红外波段的总透射光谱曲线（见彩插）

5.3.4 器件的动态红外特性

通过 FTIR 光谱仪测量了加入 Cr_2O_3 层的可逆 Ag 电沉积器件在电沉积前后的实时红外反射光谱，如图 5.30 所示。

从图中可看出，随 Cr_2O_3 层厚度增加，器件初始状态时的 FTIR 反射率逐渐下降。因为随 Cr_2O_3 层厚度的增加，器件表面纳米 Pt 薄膜的部分反射会被 Cr_2O_3 层吸收，导致其初始反射率降低。当器件处于初始状态时，Cr_2O_3 层对器件 MWIR 波段反射率影响较大，对 LWIR 波段反射率影响较小。

当器件在 -2.2 V 沉积 15 s 后，其反射率均产生较大变化。与未沉积 Cr_2O_3 层的器件（器件-3）相比，加入 Cr_2O_3 层的器件在红外波段的反射率调控幅度未产生较大幅度减少。在波长为 4 μm 时（代表 MWIR 波段），器件的反射率从未沉积 Cr_2O_3 层时的 89.4%，下降到 Cr_2O_3 层为 176 nm 时的

87.1%、234 nm 时的 81.4%、288 nm 时的 79.6% 和 349 nm 时的 73.0%。在波长为 10 μm 时（代表 LWIR 波段），器件的反射率从未沉积 Cr_2O_3 层时的 88.9%，下降到 Cr_2O_3 层为 176 nm 时的 87.5%、234 nm 时的 87.0%、288 nm 时的 85.7% 和 349 nm 时的 80.8%。

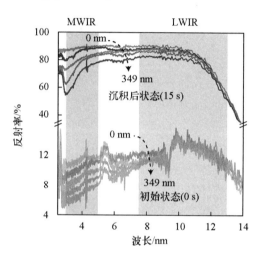

图 5.30　加入 Cr_2O_3 层的器件电沉积 15 s 前后实时红外反射光谱曲线（见彩插）

此外，通过对器件的实时红外反射光谱曲线进行积分，获得了器件在电沉积前后最大发射率调控范围。如图 5.31 所示，与未加入 Cr_2O_3 层的器件（器件-3）相比，加入不同厚度 Cr_2O_3 层的可逆金属电沉积器件在 MWIR 和 LWIR 波段最大发射率调控范围分别减少了 2.3% 和 3.3%（176 nm）、7.7% 和 3.3%（234 nm）、11% 和 5.8%（288 nm），以及 18.6% 和 10%（349 nm）。

为验证加入不同厚度 Cr_2O_3 层的可逆 Ag 电沉积器件动态红外特性，使用 LWIR 相机拍摄了器件电沉积过程中的实时 LWIR 图像。如图 5.32 所示，这些器件在电沉积 14 s 后都展现出 20℃ 表观温度下降。LWIR 图像表明，Cr_2O_3 层对器件表观温度调控范围未产生较大影响。同时，这些器件的表观温度变化均匀性比未加入 Cr_2O_3 层的器件（器件-3）要稍差一些。其原因可能是：磁控溅射的 Cr_2O_3 层略微增加了 BaF_2 表面粗糙度，使得 Cr_2O_3/BaF_2 表面的 Pt 薄膜没有抛光 BaF_2 基底上均匀，因而在电沉积时，器件的沉积电压分布没有

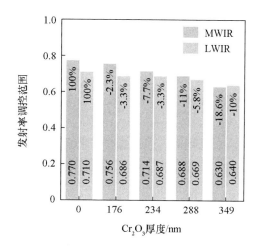

图5.31 加入不同厚度 Cr_2O_3 层器件最大发射率可调范围对比图（见彩插）

器件-3均匀。总体来说，加入不同厚度的 Cr_2O_3 层后，这些器件的动态红外特性未受到较大影响，器件具备一定可见光/红外兼容性。

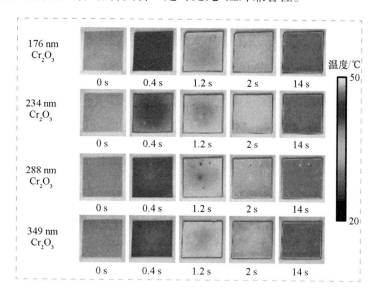

图5.32 加入不同厚度 Cr_2O_3 层器件在电沉积过程中的实时 LWIR 图像（见彩插）

基于可逆银电沉积的变红外发射率器件
Variable Infrared Emittance Devices Based on Reversible Silver Electrodeposition

5.4 本章小结

本章探索了基于纳米 Pt 薄膜的可逆 Ag 电沉积器件的多功能化。主要研究结论如下：

（1）器件具备多像素化能力。通过在电子束蒸发前添加掩模版可获得图案化 Pt 薄膜，并基于该薄膜制备出 3×3 的可逆 Ag 电沉积阵列。对不同像素块进行选择性电沉积，该阵列可显示出含有不同表观温度的字母图案。

（2）器件可实现有效面积扩大，存在廉价大面积制备的可行性。通过在 Pt 薄膜表面添加十字形导电网格，可将器件的有效面积从 5 cm^2 扩展至 20 cm^2。经 LWIR 相机观察，该放大型器件在电沉积过程中仍可保持较高表观温度变化均匀性，且其发射率调控范围未受器件面积扩大影响。

（3）器件可兼容多种基底。通过在粗糙 BaF_2 基底和柔性 PP 膜上沉积 Pt 薄膜制备出 Pt/粗糙 BaF_2 基底和 Pt/柔性 PP 膜，并对导电性和光谱特性等进行表征，评估其在可逆 Ag 电沉积体系中的最大发射率调控范围。由 LWIR 相机和 FTIR 光谱仪验证，基于粗糙 BaF_2 的器件在低发射率状态下，可有效抑制热辐射，且漫反射外部热辐射，从而减少器件被热像仪探测的总辐射量；基于柔性 PP 膜的器件具备更宽红外调制波段与良好柔性。

（4）器件可获得可见光兼容性。通过在 BaF_2 基底和纳米 Pt 薄膜间添加红外透明 Cr_2O_3 光学干涉层，可使器件获得部分可见光调控能力。由光谱表征发现，Cr_2O_3 层对 BaF_2 基底可见光波段透过率影响较大，而对红外波段透过率影响较小，证明溅射的 Cr_2O_3 层具有较高红外透明性。以 Pt/Cr_2O_3/BaF_2 基底作为顶电极组装可逆 Ag 电沉积器件，该器件的 Cr_2O_3 层可对可见光产生叠加干涉，显示出不同颜色。此外，沉积的 Ag 可增强器件对可见光的反射，在沉积过程中产生一定颜色变化。由光谱表征和 LWIR 相机观测，器件在 MWIR 和 LWIR 波段内的发射率调控范围和变化均匀性未受 Cr_2O_3 层较大影响，展现出一定的可见光/红外兼容性。

第 6 章
结论与展望

6.1 主要结论

本书围绕动态红外伪装的主题，利用纳米 Pt 薄膜和石墨烯在红外波段独特的光学特性，探索两者在可逆 Ag 电沉积系统中的动态红外调控潜力，制备出基于可逆 Ag 电沉积的动态红外伪装器件。本书主要研究结论归纳总结如下：

（1）纳米 Pt 薄膜在可逆 Ag 电沉积体系中具有动态红外调控潜力。通过电子束蒸发，在抛光 BaF_2 基底上制备不同厚度纳米 Pt 薄膜，并对所制备的 Pt/BaF_2 基底导电性、光学特性、形貌特性、粗糙度等进行了表征。初步分析 Pt/BaF_2 基底红外光谱中的 84.8%（2 nm）、80.7%（3 nm）、77.1%（4 nm）和 65.9%（5 nm）可被用于发射率调控。对 Pt/BaF_2 基底在可逆 Ag 电沉积体系中的动态光学特性、沉积均匀性和循环性能进行了分析与表征，证明纳米 Pt 薄膜的红外透射和红外吸收部分可被沉积的金属转化为红外反射。

（2）基于纳米 Pt 薄膜的器件具有优异的动态红外调控效果。将具有不同 Pt 厚度的 Pt/BaF_2 基底组装入可逆 Ag 电沉积器件，利用 LWIR 相机、MWIR 相机及 FTIR 光谱仪等多种手段对样品器件动态红外特性进行测试表征。研究发现 Pt 薄膜厚度对器件性能有重要影响：Pt 薄膜越厚，器件面内发射率变化越均匀，器件发射率调控范围也越小。沉积电压对器件发射率变化均匀性和变化速度也具有重要影响：沉积电压较低时，器件难以获得均匀的表观温度变化；随沉积电压升高，器件发射率变化速度会略有提升。此外，升高沉积

基于可逆银电沉积的变红外发射率器件
Variable Infrared Emittance Devices Based on Reversible Silver Electrodeposition

电压可以弥补 Pt 薄膜导电性不足，使器件表观温度变化更均匀。

（3）微小电流保护能增加器件的中间态维持时间。实验证明通过微小电流保护法可延缓沉积金属的溶解速率，使器件获得更长的中间态维持时间。通过该方法还可测量出器件的实时红外反射光谱，并计算器件在 MWIR 和 LWIR 波段的最大发射率调控范围。

（4）基于纳米 Pt 薄膜的器件具有较好的循环和辐射降温性能。通过 LWIR 相机监测，发现器件在循环次数超过 350 次后会出现一定程度破坏，存在表观温度不再变化区域。推测原因是：Pt 薄膜与基底之间结合力较弱，Pt 薄膜在循环过程中遭受 Ag 沉积和溶解时反复应力破坏。此外，对比了器件在低发射率状态与非选择性低发射率表面的光谱特征和辐射降温效果。实验表明，具有光谱选择性的器件可通过非窗口波段辐射降温，并在恒定功率加热下展现出更低的平衡温度。

（5）石墨烯在可逆 Ag 电沉积体系中具有红外调控潜力。采用逐层堆叠的湿法转移工艺，将多层石墨烯膜完整有效转移至 SiO_2/Si 基底。对 SiO_2/Si 基底上四层石墨烯进行电沉积后，薄膜表层形成连续金属薄膜。该沉积金属膜经 LWIR 相机和光谱仪验证可反射或抑制热辐射。

（6）通过表面改性可将石墨烯转移至诸如 PP 膜和 BaF_2 等红外透明基底上。通过对具有低表面能的 PP 膜和具有轻微水溶解性的 BaF_2 基底分别进行表面氧等离子体的处理和磁控溅射 ZnO 保护膜，实现了石墨烯在这两类红外基底上的有效转移。光谱实验表明上述表面处理方式对 PP 膜和 BaF_2 基底红外透明性影响较小。此外，随石墨烯层数增加，基底红外透明性略有降低，导电性可明显增强。

（7）通过多种手段表征了基于石墨烯的器件的动态红外特性。据 LWIR 相机显示，在 -2.5 V 沉积电压下，基于 G/PP 的器件能实现金属在石墨烯电极上沉积，并将石墨烯红外透过部分逐渐转化为红外反射，使器件实现高发射率状态到低发射率状态的转变。但基于 G/PP 的器件存在表观温度变化分布不均且循环稳定性较差的问题。同样地，在 -2.5 V 沉积电压下，基于 G/BaF_2 的器件可实现 Ag 在石墨烯电极上沉积，完成器件从高发射率状态到低发射率状态的转变。与基于 G/PP 的器件相比，基于 G/BaF_2 的器件展现出更优的调控均匀性和循环稳定性。主要原因可能是 ZnO/BaF_2 基底上的石墨烯缺陷较少，表面更为平整，且刚性更好，更有利于金属的均匀沉积。

（8）基于纳米 Pt 薄膜的器件具备多像素化能力。通过在电子束蒸发前添加掩模版可获得图案化 Pt 薄膜，并基于该薄膜制备出 3×3 的可逆 Ag 电沉积阵列。对不同像素块进行选择性电沉积，该阵列可显示出含有不同表观温度的字母图案。

（9）基于纳米 Pt 薄膜的器件可实现有效面积扩大，存在廉价大面积制备的可行性。通过在 Pt 薄膜表面添加十字形导电网格，可将器件的有效面积从 5 cm^2 扩展至 20 cm^2。经 LWIR 相机观察，该放大型器件在电沉积过程中仍可保持较高表观温度变化均匀性，且其发射率调控范围未受器件面积扩大影响。

（10）基于纳米 Pt 薄膜的器件可兼容多种基底。通过在粗糙 BaF_2 基底和柔性 PP 膜上沉积 Pt 薄膜制备出 Pt/粗糙 BaF_2 基底和 Pt/柔性 PP 膜，并对导电性和光谱特性等进行表征，评估其在可逆 Ag 电沉积体系中的最大发射率调控范围。由 LWIR 相机和 FTIR 光谱仪验证，基于粗糙 BaF_2 的器件在低发射率状态下，可有效抑制热辐射，且漫反射外部热辐射，从而减少器件被热像仪探测的总辐射量。由 LWIR 相机和 FTIR 光谱仪验证，基于柔性 PP 膜的器件具备更宽红外调制波段与良好柔性。

（11）基于纳米 Pt 薄膜的器件可获得可见光兼容性。通过在 BaF_2 基底和纳米 Pt 薄膜间添加红外透明 Cr_2O_3 光学干涉层，器件能获得部分可见光调控能力。由光谱表征发现，Cr_2O_3 层对 BaF_2 基底可见光波段透过率影响较大，而对红外波段透过率影响较小，证明溅射的 Cr_2O_3 层具有较高红外透明性。以 Pt/Cr_2O_3/BaF_2 基底作为顶电极组装可逆 Ag 电沉积器件，器件的 Cr_2O_3 层可对可见光产生叠加干涉，显示出不同颜色。此外，沉积的 Ag 可增强器件对可见光的反射，在沉积过程中产生一定颜色变化。由光谱表征和 LWIR 相机观测，器件在 MWIR 和 LWIR 波段内的发射率调控范围和变化均匀性未受 Cr_2O_3 层较大影响，展现出一定的可见光/红外兼容性。

本书对如何在可逆金属电沉积系统中实现发射率大幅调控提供了全新思路和解决方案，并为节能建筑[115-117]、人体热管理[34,69,70]和智能航天器温度调节系统[22,118-120]等动态红外调控相关应用领域提供一定参考。

6.2 后续展望

本书围绕可逆银电沉积变红外发射率器件开展了一系列研究，但该器件

基于可逆银电沉积的变红外发射率器件
Variable Infrared Emittance Devices Based on Reversible Silver Electrodeposition

的研发仍面临众多挑战。未来可聚焦于薄膜失效和剥离机制、柔性基底循环性能提升、引入其他惰性金属、替换电解质、系统集成等方面。主要展望如下：

（1）基于 Pt/BaF$_2$ 基底的器件循环性能（≤350 次）暂不能达到实际使用需要，需深入探索 Pt 薄膜在电沉积循环过程中失效的原因，以及 Pt 薄膜从 BaF$_2$ 基底溶解或剥离的机制。下一步，可考虑采用高端原位表征技术分析 Pt 薄膜失效和破坏机理。

（2）基于柔性 PP 膜的器件成本低廉且具备多表面适用性，是未来动态红外伪装的理想应用方向。实验数据显示，Pt 薄膜在柔性 PP 膜上的循环次数远低于其在 BaF$_2$ 基底上的循环次数，限制了该柔性版本器件走向实用。后续工作中，可尝试对柔性 PP 膜进行表面改性，增加其与 Pt 薄膜间结合强度，提升循环性能。

（3）使用 Pt 薄膜作为器件顶电极材料，成效显著但循环寿命较短。可尝试在可逆 Ag 电沉积系统中引入其他惰性金属，例如，引入钯（Pd）、铑（Rh）和金（Au）等贵金属提高循环性能。

（4）本研究所涉及可逆 Ag 电沉积系统使用的是极性较强的有机电解质，对器件循环性能可能造成一定影响。后续工作中，可采用更温和的可逆金属电沉积电解质替代。

（5）金属材料在雷达波段可能具有潜在动态调控能力。后续研究可继续优化器件结构，探索基于纳米 Pt 薄膜的可逆 Ag 电沉积器件的可见光、红外、雷达相兼容功能。

（6）研究石墨烯电极在可逆 Ag 电沉积体系中循环性能不佳的原因。比如，采用大尺寸单晶石墨烯作为电极，研究结构完美的石墨烯在可逆金属电沉积体系中是否会具有更好的循环性能。

（7）后续研究中可将器件与环境红外传感器、电路控制系统、智能芯片等相结合，开发出能主动适应背景环境变化的自适应红外伪装系统。

参考文献

[1] YIN X, CHEN Q, PAN N. A study and a design criterion for multilayer-structure in perspiration based infrared camouflage[J]. Experimental Thermal and Fluid Science, 2013, 46: 211-220.

[2] YU H J, XU G Y, SHEN X M, et al. Preparation of leafing Cu and its application in low infrared emissivity coatings[J]. Journal of Alloys and Compounds, 2009, 484(1/2): 395-399.

[3] WU G W, YU D M. Preparation and characterization of a new low infrared-emissivity coating based on modified aluminum[J]. Progress in Organic Coatings, 2013, 76(1): 107-112.

[4] LI J, YE H. Optimization of the inhibition of atmospheric window emission using photonic crystals[J]. Science China Technological Sciences, 2010, 53(5): 1315-1319.

[5] ZHANG J Z, PAN C X, SHAN Y. Progress in helicopter infrared signature suppression[J]. Chinese Journal of Aeronautics, 2014, 27(2): 189-199.

[6] WANG X H, LIU Y W, FENG Y C. Temperature controlled infrared broadband cloaking with the bilayer coatings of semiconductor and superconductor[J]. Physica C: Superconductivity and Its Applications, 2015, 513: 13-17.

[7] BAE Systems. ADAPTIV: a unique camouflage system[EB/OL]. (2020-08-12)[2023-10-23]. http://www.baesystems.com/en/feature/adativ-cloak-of-invisibility.

[8] MORIN S A, SHEPHERD R F, KWOK S W, et al. Camouflage and display for soft machines[J]. Science, 2012, 337(6096): 828-832.

[9] KATS M A, BLANCHARD R, ZHANG S Y, et al. Vanadium dioxide as a natural disordered metamaterial: perfect thermal emission and large broadband negative differential thermal emittance[J]. Physical Review X, 2013, 3(4): 041004.

[10] JI H N, LIU D Q, CHENG H F, et al. Infrared thermochromic properties of monoclinic VO_2 nanopowders using a malic acid-assisted hydrothermal method for adaptive camouflage[J]. RSC Advances, 2017, 7(9): 5189-5194.

[11] NAKANO M, SHIBUYA K, OGAWA N, et al. Infrared-sensitive electrochromic device based on VO_2[J]. Applied Physics Letters, 2013, 103(15): 153503.

[12] JI H N, LIU D Q, ZHANG C Y, et al. VO_2/ZnS core-shell nanoparticle for the adaptive infrared camouflage application with modified color and enhanced oxidation resistance[J]. Solar Energy Materials and Solar Cells, 2018, 176: 1-8.

[13] JI H N, LIU D Q, CHENG H F, et al. Large area infrared thermochromic VO_2 nanoparticle films prepared by inkjet printing technology[J]. Solar Energy Materials and Solar Cells, 2019, 194: 235-243.

[14] JI H N, LIU D Q, ZHANG C Y, et al. Snowflake-like monoclinic VO_2 powders: hydrothermal synthesis, characterization and in situ monitoring phase-transition behavior[J]. Science of Advanced Materials, 2017, 9(6): 861-867.

[15] XIAO L, MA H, LIU J K, et al. Fast adaptive thermal camouflage based on flexible VO_2/graphene/CNT thin films[J]. Nano Letters, 2015, 15(12): 8365-8370.

[16] QU Y R, LI Q, CAI L, et al. Thermal camouflage based on the phase-changing material GST[J]. Light: Science & Applications, 2018, 7: 26.

[17] DU K K, CAI L, LUO H, et al. Wavelength-tunable mid-infrared thermal emitters with a non-volatile phase changing material[J]. Nanoscale, 2018,

10(9): 4415-4420.

[18] QU Y R, LI Q A, DU K K, et al. Dynamic thermal emission control based on ultrathin plasmonic metamaterials including phase-changing material GST[J]. Laser & Photonics Reviews, 2017, 11(5): 1700091.

[19] TITTL A, MICHEL A K U, SCH FERLING M, et al. A switchable mid-infrared plasmonic perfect absorber with multispectral thermal imaging capability[J]. Advanced Materials, 2015, 27(31): 4597-4603.

[20] JI H N, LIU D Q, CHENG H F, et al. Vanadium dioxide nanopowders with tunable emissivity for adaptive infrared camouflage in both thermal atmospheric windows[J]. Solar Energy Materials and Solar Cells, 2018, 175: 96-101.

[21] CHANDRASEKHAR P, ZAY B J, LAWRENCE D, et al. Variable-emittance infrared electrochromic skins combining unique conducting polymers, ionic liquid electrolytes, microporous polymer membranes, and semiconductor/polymer coatings, for spacecraft thermal control[J]. Journal of Applied Polymer Science, 2014, 131(19): 40850.

[22] CHANDRASEKHAR P, ZAY B J, MCQUEENEY T, et al. Conducting Polymer (CP) infrared electrochromics in spacecraft thermal control and military applications[J]. Synthetic Metals, 2003, 135/136: 23-24.

[23] SAUVET K, SAUQUES L, ROUGIER A. IR electrochromic WO^3 thin films: from optimization to devices[J]. Solar Energy Materials and Solar Cells, 2009, 93(12): 2045-2049.

[24] TIAN Y L, ZHANG X, DOU S L, et al. A comprehensive study of electrochromic device with variable infrared emissivity based on polyaniline conducting polymer[J]. Solar Energy Materials and Solar Cells, 2017, 170: 120-126.

[25] SAUVET K, ROUGIER A, SAUQUES L. Electrochromic WO^3 thin films active in the IR region[J]. Solar Energy Materials and Solar Cells, 2008, 92(2): 209-215.

[26] DEMIRYONT H, MOOREHEAD D. Electrochromic emissivity modulator for spacecraft thermal management[J]. Solar Energy Materials and Solar Cells,

2009, 93(12): 2075-2078.

[27] BESSIÈRE A, MARCEL C, MORCRETTE M, et al. Flexible electrochromic reflectance device based on tungsten oxide for infrared emissivity control [J]. Journal of Applied Physics, 2002, 91 (3): 1589-1594.

[28] SCHWENDEMAN I, HWANG J, WELSH D M, et al. Combined visible and infrared electrochromism using dual polymer devices [J]. Advanced Materials, 2001, 13(9): 634-637.

[29] XU C Y, STIUBIANU G T, GORODETSKY A A. Adaptive infrared-reflecting systems inspired by cephalopods [J]. Science, 2018, 359(6383): 1495-1500.

[30] SALIHOGLU O, UZLU H B, YAKAR O, et al. Graphene-based adaptive thermal camouflage[J]. Nano Letters, 2018, 18(7): 4541-4548.

[31] CAI L L, SONG A Y, WU P L, et al. Warming up human body by nanoporous metallized polyethylene textile [J]. Nature Communications, 2017, 8: 496.

[32] HSU P C, LIU C, SONG A Y, et al. A dual-mode textile for human body radiative heating and cooling [J]. Science Advances, 2017, 3(11): e1700895.

[33] HSU P C, LIU X G, LIU C, et al. Personal thermal management by metallic nanowire-coated textile [J]. Nano Letters, 2015, 15 (1): 365-371.

[34] YANG A K, CAI L L, ZHANG R F, et al. Thermal management in nanofiber-based face mask[J]. Nano Letters, 2017, 17(6): 3506-3510.

[35] ZHOU L, TAN Y L, JI D X, et al. Self-assembly of highly efficient, broadband plasmonic absorbers for solar steam generation [J]. Science Advances, 2016, 2(4): e1501227.

[36] ZHOU L, TAN Y L, WANG J Y, et al. 3D self-assembly of aluminium nanoparticles for plasmon-enhanced solar desalination [J]. Nature Photonics, 2016, 10(6): 393-398.

[37] FAN J A, WU C, BAO K, et al. Self-assembled plasmonic nanoparticle

clusters[J]. Science, 2010, 328(5982): 1135-1138.

[38] CAMPOS A, TROC N, COTTANCIN E, et al. Plasmonic quantum size effects in silver nanoparticles are dominated by interfaces and local environments[J]. Nature Physics, 2019, 15(3): 275-280.

[39] MANIYARA R A, RODRIGO D, YU R W, et al. Tunable plasmons in ultrathin metal films[J]. Nature Photonics, 2019, 13(5): 328-333.

[40] KOCER H, BUTUN S, LI Z Y, et al. Reduced near-infrared absorption using ultra-thin lossy metals in Fabry-Perot cavities[J]. Scientific Reports, 2015, 5: 8157.

[41] PENG L, LIU D Q, CHENG H F. Design and fabrication of the ultrathin metallic film based infrared selective radiator[J]. Solar Energy Materials and Solar Cells, 2019, 193: 7-12.

[42] KATS M A, BLANCHARD R, GENEVET P, et al. Nanometre optical coatings based on strong interference effects in highly absorbing media[J]. Nature Materials, 2013, 12(1): 20-24.

[43] CHODUN R, SKOWRONSKI L, OKRASA S, et al. Optical TiO_2 layers deposited on polymer substrates by the Gas Injection Magnetron Sputtering technique[J]. Applied Surface Science, 2019, 466: 12-18.

[44] YOO Y J, LIM J H, LEE G J, et al. Ultra-thin films with highly absorbent porous media fine-tunable for coloration and enhanced color purity[J]. Nanoscale, 2017, 9(9): 2986-2991.

[45] BAO Y H, HAN Y, YANG L, et al. Bioinspired controllable electro-chemomechanical coloration films[J]. Advanced Functional Materials, 2019, 29(2): 1806383.

[46] LEUNG E M, COLORADO ESCOBAR M, STIUBIANU G T, et al. A dynamic thermoregulatory material inspired by squid skin[J]. Nature Communications, 2019, 10(1): 1947.

[47] ARAKI S, NAKAMURA K, KOBAYASHI K, et al. Electrochemical optical-modulation device with reversible transformation between transparent, mirror, and black[J]. Advanced Materials, 2012, 24(23): OP122-OP126, OP121.

[48] EH A L S, LIN M F, CUI M Q, et al. A copper-based reversible electrochemical mirror device with switchability between transparent, blue, and mirror states[J]. Journal of Materials Chemistry C, 2017, 5(26): 6547 – 6554.

[49] BARILE C J, SLOTCAVAGE D J, HOU J Y, et al. Dynamic windows with neutral color, high contrast, and excellent durability using reversible metal electrodeposition[J]. Joule, 2017, 1(1): 133 – 145.

[50] HERNANDEZ T S, BARILE C J, STRAND M T, et al. Bistable black electrochromic windows based on the reversible metal electrodeposition of Bi and Cu[J]. ACS Energy Letters, 2018, 3(1): 104 – 111.

[51] KIM T Y, CHO S M, AH C S, et al. Electrochromic device for the reversible electrodeposition system[J]. Journal of Information Display, 2014, 15(1): 13 – 17.

[52] PARK C, NA J, HAN M S, et al. Transparent electrochemical gratings from a patterned bistable silver mirror[J]. ACS Nano, 2017, 11(7): 6977 – 6984.

[53] PARK C, SEO S, SHIN H, et al. Switchable silver mirrors with long memory effects[J]. Chemical Science, 2015, 6(1): 596 – 602.

[54] TSUBOI A, NAKAMURA K, KOBAYASHI N. A localized surface plasmon resonance-based multicolor electrochromic device with electrochemically size-controlled silver nanoparticles[J]. Advanced Materials, 2013, 25(23): 3197 – 3201.

[55] YE T, XIANG Y, JI H, et al. Electrodeposition-based electrochromic devices with reversible three-state optical transformation by using titanium dioxide nanoparticle modified FTO electrode[J]. RSC Advances, 2016, 6(37): 30769 – 30775.

[56] JEONG K R, LEE I, PARK J Y, et al. Enhanced black state induced by spatial silver nanoparticles in an electrochromic device[J]. NPG Asia Materials, 2017, 9(3): e362.

[57] WANG G P, CHEN X C, LIU S, et al. Mechanical chameleon through dynamic real-time plasmonic tuning[J]. ACS Nano, 2016, 10(2): 1788 –

1794.

[58] STRAND M T, BARILE C J, HERNANDEZ T S, et al. Factors that determine the length scale for uniform tinting in dynamic windows based on reversible metal electrodeposition[J]. ACS Energy Letters, 2018, 3(11): 2823 – 2828.

[59] REN L, SUN S S, CASILLAS-GARCIA G, et al. A liquid-metal-based magnetoactive slurry for stimuli-responsive mechanically adaptive electrodes [J]. Advanced Materials, 2018, 30(35): e1802595.

[60] SHENG L, ZHANG J, LIU J. Diverse transformations of liquid metals between different morphologies[J]. Advanced Materials, 2014, 26(34): 6036 – 6042.

[61] HU L, WANG L, DING Y J, et al. Manipulation of liquid metals on a graphite surface[J]. Advanced Materials, 2016, 28(41): 9210 – 9217.

[62] HOU Y, CHANG H, SONG K, et al. Coloration of liquid-metal soft robots: from silver-white to iridescent[J]. ACS Applied Materials & Interfaces, 2018, 10(48): 41627 – 41636.

[63] MONTELONGO Y, SIKDAR D, MA Y, et al. Electrotunable nanoplasmonic liquid mirror[J]. Nature Materials, 2017, 16(11): 1127 – 1135.

[64] FANG P P, CHEN S, DENG H Q, et al. Conductive gold nanoparticle mirrors at liquid/liquid interfaces[J]. ACS Nano, 2013, 7(10): 9241 – 9248.

[65] PHAN L, KAUTZ R, LEUNG E M, et al. Dynamic materials inspired by cephalopods[J]. Chemistry of Materials, 2016, 28(19): 6804 – 6816.

[66] PHAN L, WALKUP W G, ORDINARIO D D, et al. Reconfigurable infrared camouflage coatings from a cephalopod protein[J]. Advanced Materials, 2013, 25(39): 5621 – 5625.

[67] YU C J, LI Y H, ZHANG X, et al. Adaptive optoelectronic camouflage systems with designs inspired by cephalopod skins[J]. Proceedings of the National Academy of Sciences of the United States of America, 2014, 111(36): 12998 – 13003.

[68] ISLAM S M, HERNANDEZ T S, MCGEHEE M D, et al. Hybrid dynamic windows using reversible metal electrodeposition and ion insertion[J]. Nature Energy, 2019, 4(3): 223-229.

[69] HSU P C, SONG A Y, CATRYSSE P B, et al. Radiative human body cooling by nanoporous polyethylene textile[J]. Science, 2016, 353(6303): 1019-1023.

[70] PENG Y C, CHEN J, SONG A Y, et al. Nanoporous polyethylene microfibres for large-scale radiative cooling fabric[J]. Nature Sustainability, 2018, 1(2): 105-112.

[71] MANDAL J, DU S C, DONTIGNY M, et al. $Li_4Ti_5O_{12}$: a visible-to-infrared broadband electrochromic material for optical and thermal management[J]. Advanced Functional Materials, 2018, 28(36): 1802180.

[72] CAI L L, SONG A Y, LI W, et al. Spectrally selective nanocomposite textile for outdoor personal cooling[J]. Advanced Materials, 2018, 30(35): e1802152.

[73] CAI L L, PENG Y C, XU J W, et al. Temperature regulation in colored infrared-transparent polyethylene textiles[J]. Joule, 2019, 3(6): 1478-1486.

[74] MANDAL J, WANG D, OVERVIG A C, et al. Scalable, "dip-and-dry" fabrication of a wide-angle plasmonic selective absorber for high-efficiency solar-thermal energy conversion[J]. Advanced Materials, 2017, 29(41): 1702156.

[75] LIU D L, ZHOU F, LI C C, et al. Black gold: plasmonic colloidosomes with broadband absorption self-assembled from monodispersed gold nanospheres by using a reverse emulsion system[J]. Angewandte Chemie (International Ed. in English), 2015, 54(33): 9596-9600.

[76] WANG W, QU Y R, DU K K, et al. Broadband optical absorption based on single-sized metal-dielectric-metal plasmonic nanostructures with high-ε'' metals[J]. Applied Physics Letters, 2017, 110(10): 101101.

[77] TAGLIABUE G, EGHLIDI H, POULIKAKOS D. Rapid-response low infrared emission broadband ultrathin plasmonic light absorber[J]. Scientific

Reports, 2014, 4: 7181.

[78] NOVOSELOV K S, FAL'KO V I, COLOMBO L, et al. A roadmap for graphene[J]. Nature, 2012, 490(7419): 192-200.

[79] BAE S K, KIM H, LEE Y, et al. Roll-to-roll production of 30-inch graphene films for transparent electrodes[J]. Nature Nanotechnology, 2010, 5(8): 574-578.

[80] DU J H, PEI S F, MA L P, et al. 25th anniversary article: carbon nanotube- and graphene-based transparent conductive films for optoelectronic devices[J]. Advanced Materials, 2014, 26(13): 1958-1991.

[81] HECHT D S, HU L B, IRVIN G. Emerging transparent electrodes based on thin films of carbon nanotubes, graphene, and metallic nanostructures[J]. Advanced Materials, 2011, 23(13): 1482-1513.

[82] HU L B, HECHT D S, GRUENER G. Infrared transparent carbon nanotube thin films[J]. Applied Physics Letters, 2009, 94(8): 081103.

[83] ELLMER K. Past achievements and future challenges in the development of optically transparent electrodes[J]. Nature Photonics, 2012, 6(12): 809-817.

[84] WU Z C, CHEN Z H, DU X, et al. Transparent, conductive carbon nanotube films[J]. Science, 2004, 305(5688): 1273-1276.

[85] DE CASTRO R K, ARAUJO J R, VALASKI R, et al. New transfer method of CVD-grown graphene using a flexible, transparent and conductive polyaniline-rubber thin film for organic electronic applications[J]. Chemical Engineering Journal, 2015, 273: 509-518.

[86] JEONG C, NAIR P, KHAN M, et al. Prospects for nanowire-doped polycrystalline graphene films for ultratransparent, highly conductive electrodes[J]. Nano Letters, 2011, 11(11): 5020-5025.

[87] CHEN Z L, CHEN X D, WANG H H, et al. One-step growth of graphene/carbon nanotube hybrid films on soda-lime glass for transparent conducting applications[J]. Advanced Electronic Materials, 2017, 3(11): 1700212.

[88] KINOSHITA H, JEON I, MARUYAMA M, et al. Highly conductive and transparent large-area bilayer graphene realized by MoCl(5) intercalation

[J]. Advanced Materials, 2017, 29(41): 1702141.

[89] HOU P X, YU B, SU Y, et al. Double-wall carbon nanotube transparent conductive films with excellent performance [J]. Journal of Materials Chemistry A, 2014, 2(4): 1159-1164.

[90] KIM S Y, KIM Y, LEE K M, et al. Fully solution-processed transparent conducting oxide-free counter electrodes for dye-sensitized solar cells: spray-coated single-wall carbon nanotube thin films loaded with chemically-reduced platinum nanoparticles[J]. ACS Applied Materials & Interfaces, 2014, 6(16): 13430-13437.

[91] NIU C M. Carbon nanotube transparent conducting films[J]. MRS Bulletin, 2011, 36(10): 766-773.

[92] YU L P, SHEARER C, SHAPTER J. Recent development of carbon nanotube transparent conductive films [J]. Chemical Reviews, 2016, 116(22): 13413-13453.

[93] HU L B, GRUNER G, GONG J A, et al. Electrowetting devices with transparent single-walled carbon nanotube electrodes[J]. Applied Physics Letters, 2007, 90(9): 093124.

[94] MA W J, SONG L, YANG R, et al. Directly synthesized strong, highly conducting, transparent single-walled carbon nanotube films [J]. Nano Letters, 2007, 7(8): 2307-2311.

[95] MENG Y, XU X B, LI H, et al. Optimisation of carbon nanotube ink for large-area transparent conducting films fabricated by controllable rod-coating method[J]. Carbon, 2014, 70: 103-110.

[96] LIU N, CHORTOS A, LEI T, et al. Ultratransparent and stretchable graphene electrodes[J]. Science Advances, 2017, 3(9): e1700159.

[97] WON S, HWANGBO Y, LEE S K, et al. Double-layer CVD graphene as stretchable transparent electrodes [J]. Nanoscale, 2014, 6(11): 6057-6064.

[98] XU Y H, LIU J Q. Graphene as transparent electrodes: fabrication and new emerging applications[J]. Small, 2016, 12(11): 1400-1419.

[99] KANG J M, SHIN D, BAE S K, et al. Graphene transfer: key for

applications[J]. Nanoscale, 2012, 4(18): 5527-5537.

[100] ZHANG Z K, DU J H, ZHANG D D, et al. Rosin-enabled ultraclean and damage-free transfer of graphene for large-area flexible organic light-emitting diodes[J]. Nature Communications, 2017, 8: 14560.

[101] LIU Y P, JUNG E, WANG Y, et al. "Quasi-freestanding" graphene-on-single walled carbon nanotube electrode for applications in organic light-emitting diode[J]. Small, 2014, 10(5): 944-949.

[102] LI Q C, ZHAO Z F, YAN B M, et al. Nickelocene-precursor-facilitated fast growth of graphene/h-BN vertical heterostructures and its applications in OLEDs[J]. Advanced Materials, 2017, 29(32): 1701325.

[103] XU P, KANG J M, CHOI J B, et al. Laminated ultrathin chemical vapor deposition graphene films based stretchable and transparent high-rate supercapacitor[J]. ACS Nano, 2014, 8(9): 9437-9445.

[104] LI N, CHEN Z P, REN W C, et al. Flexible graphene-based lithium ion batteries with ultrafast charge and discharge rates[J]. Proceedings of the National Academy of Sciences of the United States of America, 2012, 109(43): 17360-17365.

[105] LI Y Z, YAN K, LEE H W, et al. Growth of conformal graphene cages on micrometre-sized silicon particles as stable battery anodes[J]. Nature Energy, 2016, 1: 15029.

[106] ZHANG Y, BAI W Y, REN J, et al. Super-stretchy lithium-ion battery based on carbon nanotube fiber[J]. Journal of Materials Chemistry A, 2014, 2(29): 11054-11059.

[107] LIN D C, LIU Y Y, LIANG Z, et al. Layered reduced graphene oxide with nanoscale interlayer gaps as a stable host for lithium metal anodes[J]. Nature Nanotechnology, 2016, 11(7): 626-632.

[108] LIMA M D, FANG S L, LEPRO X, et al. Biscrolling nanotube sheets and functional guests into yarns[J]. Science, 2011, 331(6013): 51-55.

[109] MAITI U N, LEE W J, LEE J M, et al. 25th anniversary article: chemically modified/doped carbon nanotubes & graphene for optimized nanostructures & nanodevices[J]. Advanced Materials, 2014, 26(1): 40-66.

[110] DENG B, HSU P C, CHEN G C, et al. Roll-to-roll encapsulation of metal nanowires between graphene and plastic substrate for high-performance flexible transparent electrodes[J]. Nano Letters, 2015, 15(6): 4206 – 4213.

[111] RAKIC A D, DJURISIC A B, ELAZAR J M, et al. Optical properties of metallic films for vertical-cavity optoelectronic devices[J]. Applied Optics, 1998, 37(22): 5271 – 5283.

[112] ZHENG J X, ZHAO Q, TANG T, et al. Reversible epitaxial electrodeposition of metals in battery anodes[J]. Science, 2019, 366(6465): 645 – 648.

[113] YAN K, LU Z D, LEE H W, et al. Selective deposition and stable encapsulation of lithium through heterogeneous seeded growth[J]. Nature Energy, 2016, 1(3): 16010.

[114] PENG L A, LIU D Q, CHENG H F, et al. A multilayer film based selective thermal emitter for infrared stealth technology[J]. Advanced Optical Materials, 2018, 6(23): 1801006.

[115] MANDAL J, FU Y K, OVERVIG A C, et al. Hierarchically porous polymer coatings for highly efficient passive daytime radiative cooling[J]. Science, 2018, 362(6412): 315 – 319.

[116] RAMAN A P, ABOU ANOMA M, ZHU L X, et al. Passive radiative cooling below ambient air temperature under direct sunlight[J]. Nature, 2014, 515(7528): 540 – 544.

[117] KOU J L, JURADO Z, CHEN Z, et al. Daytime radiative cooling using near-black infrared emitters[J]. ACS Photonics, 2017, 4(3): 626 – 630.

[118] KISLOV N. All-solid-state electrochromic variable emittance coatings for thermal management in space[C]//AIP Conference Proceedings. Albuquerque, New Mexico (USA). AIP, 2003, 654: 172 – 179.

[119] TRIMBLE C L. Electrochromic emittance modulation devices for spacecraft thermal control[C]//AIP Conference Proceedings. Seoul (Korea). AIP, 2000, 504: 797 – 802.

[120] SIBIN K P, SWAIN N, CHOWDHURY P, et al. Optical and electrical

properties of ITO thin films sputtered on flexible FEP substrate as passive thermal control system for space applications[J]. Solar Energy Materials and Solar Cells, 2016, 145: 314-322.

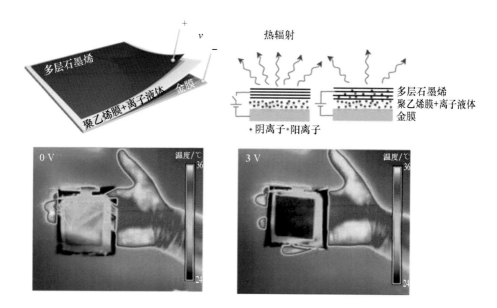

图 1.9 基于石墨烯的动态红外调控器件

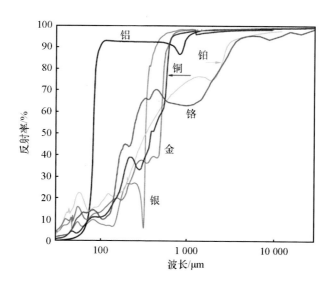

图 1.10 不同金属膜在整个电磁波段反射率曲线

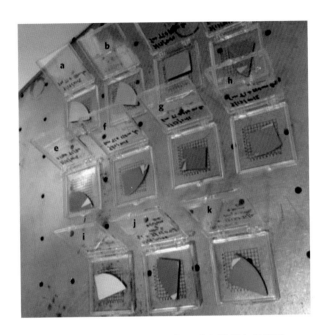

图 1.13 不同厚度 Ge 纳米层对金膜颜色的影响

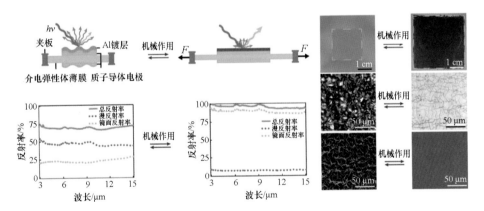

图 1.14 金属薄膜表面的粗糙程度对其红外反射模式的影响

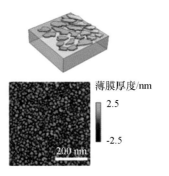

(a) 无籽晶层辅助生长的超薄金膜示意图和原子力显微镜图

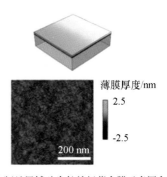

(b) 有籽晶层辅助生长的超薄金膜示意图和原子力显微镜图

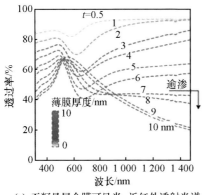

(c) 无籽晶层金膜可见光-近红外透射光谱

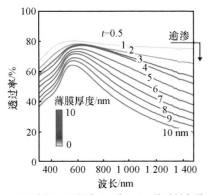

(d) 有籽晶层金膜可见光-近红外透射光谱

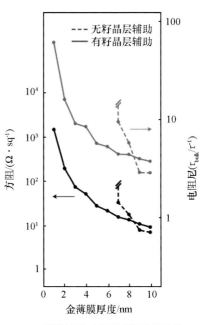

(e) 无籽晶层和有籽晶层辅助生长的超薄金膜方块电阻和电阻尼与薄膜厚度的关系

图1.18 无籽晶层和有籽晶层辅助生长的超薄金膜光电特性

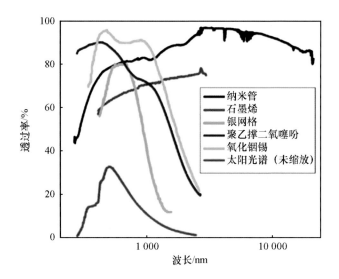

图 1.19　不同透明导电材料透射光谱

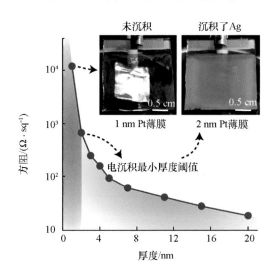

图 3.1　纳米 Pt 薄膜方阻和不同厚度 Pt 薄膜电沉积后的光学照片

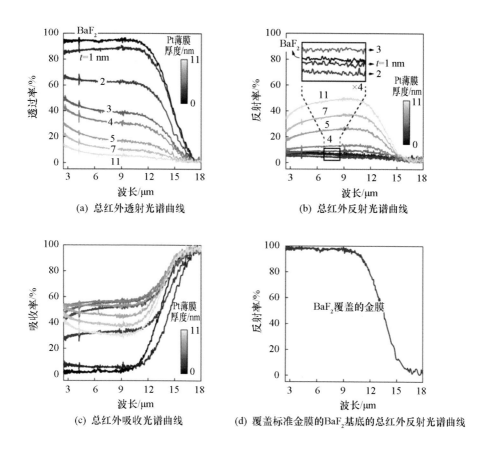

图 3.2 Pt/BaF$_2$ 基底在红外波段的光谱响应

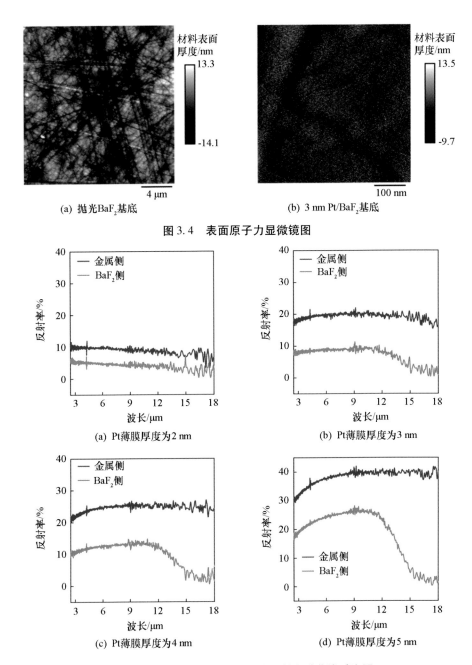

(a) 抛光BaF$_2$基底 (b) 3 nm Pt/BaF$_2$基底

图 3.4　表面原子力显微镜图

(a) Pt薄膜厚度为2 nm (b) Pt薄膜厚度为3 nm

(c) Pt薄膜厚度为4 nm (d) Pt薄膜厚度为5 nm

图 3.6　Pt/BaF$_2$基底不同侧红外反射光谱曲线对比图

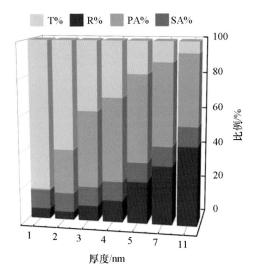

图 3.10 Pt/BaF$_2$ 基底在 3~14 μm 波段范围内光谱响应百分比图

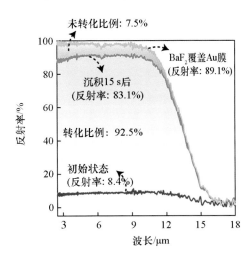

图 3.11 3 nm Pt/BaF$_2$ 基底在三电极系统中电沉积前后的总红外反射曲线

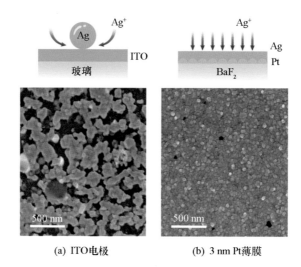

(a) ITO 电极　　　　　　(b) 3 nm Pt 薄膜

图 3.12　ITO 电极和 3 nm Pt 薄膜上电沉积 Ag 的示意图和表面形貌对比图

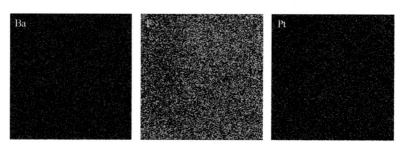

(a) 表面 Ba、F 和 Pt 元素分布图

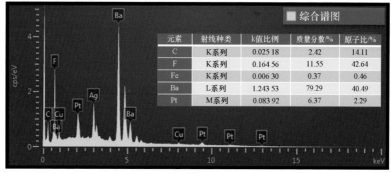

(b) 能谱图和元素百分比图

图 3.14　3 nm Pt/BaF$_2$ 基底表面 EDS 表征

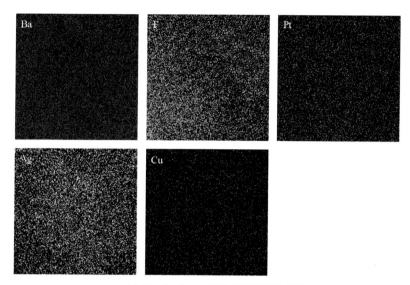

(a) Ba、F、Pt、Ag和Cu元素EDS分布图

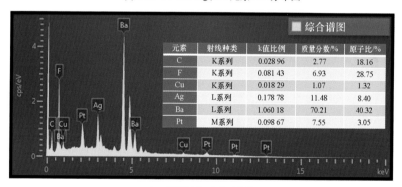

(b) 能谱图和元素百分比图

图 3.15　三电极体系中 3 nm Pt/BaF_2 基底电沉积 15 s 后表面 EDS 表征

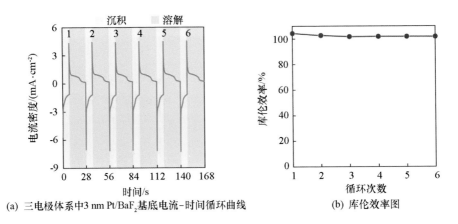

(a) 三电极体系中3 nm Pt/BaF$_2$基底电流-时间循环曲线

(b) 库伦效率图

图 3.16　3 nm Pt/BaF$_2$基底循环性能和库伦效率

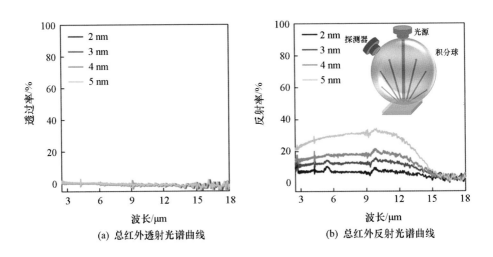

(a) 总红外透射光谱曲线

(b) 总红外反射光谱曲线

图 3.18　不同 Pt 厚度薄膜组装入器件后的红外光谱变化

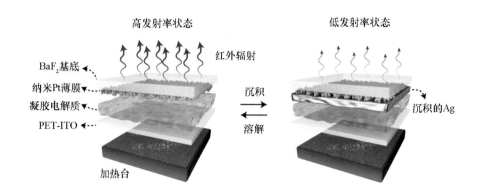

图 3.19 基于纳米 Pt 薄膜的器件动态红外调控示意图

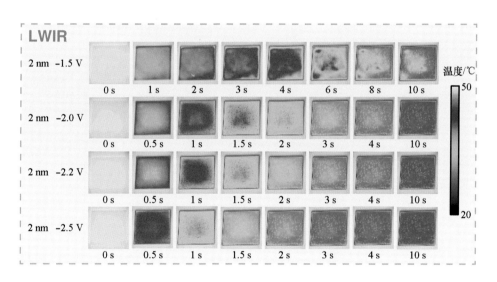

图 3.20 基于 2 nm Pt 薄膜的器件在不同沉积电压下的实时 LWIR 图像

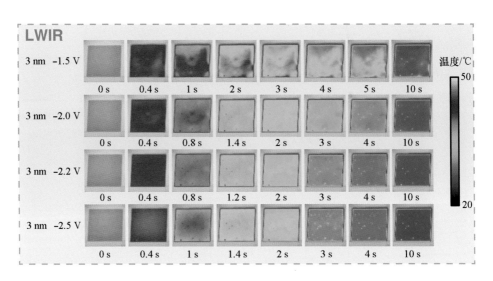

图 3.22 基于 3 nm Pt 薄膜的器件在不同沉积电压下的实时 LWIR 图像

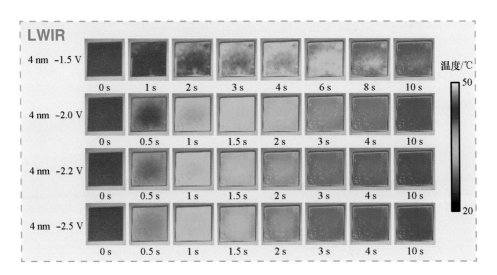

图 3.24 基于 4 nm Pt 薄膜的器件在不同沉积电压下的实时 LWIR 图像

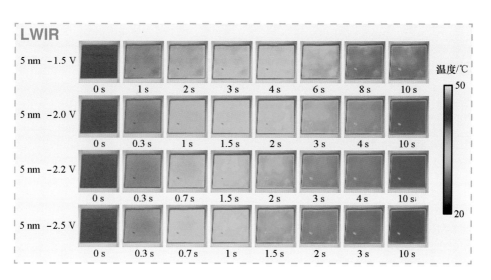

图 3.26 基于 5 nm Pt 薄膜的器件在不同沉积电压下的实时 LWIR 图像

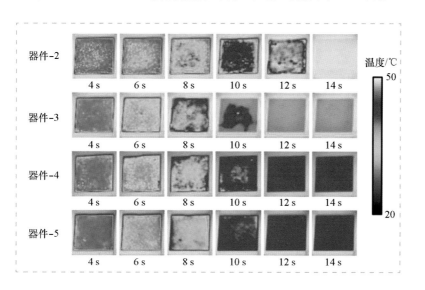

图 3.29 0.8 V 溶解电压下器件的实时 LWIR 图像

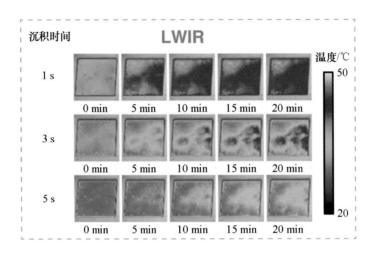

图 3.30　无保护电流时器件中间态维持时间

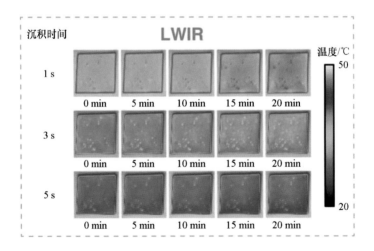

图 3.31　有保护电流时器件中间态维持时间

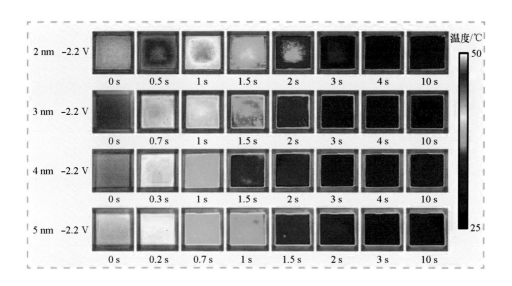

图 3.32 −2.2 V 沉积电压下器件的实时 MWIR 图像

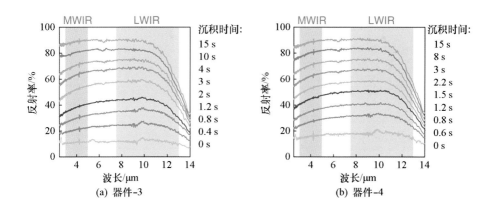

(a) 器件-3

(b) 器件-4

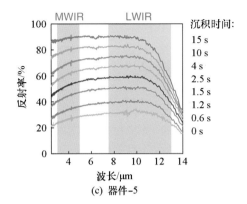

(c) 器件-5

图 3.34　器件实时总红外反射光谱曲线

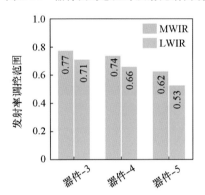

图 3.35　器件在 MWIR 和 LWIR 窗口波段的最大发射率调控范围

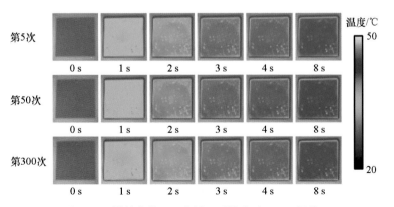

图 3.36　器件在前 300 次循环时的实时 LWIR 图像

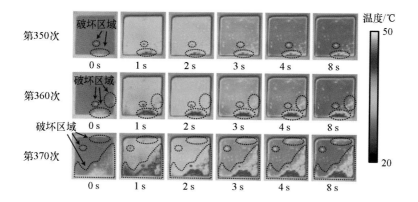

图 3.37 器件在 300 次循环后的实时 LWIR 图像

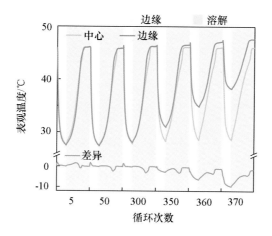

图 3.38 器件循环性能曲线

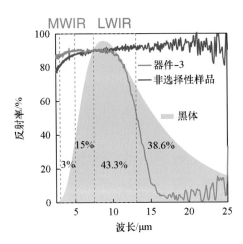

图 3.39　器件 -3 和非光谱选择性低发射率表面的总红外反射光谱曲线

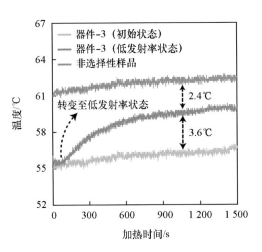

图 3.40　器件 -3 和非光谱选择性表面在辐射降温实验中的温度变化曲线

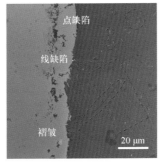
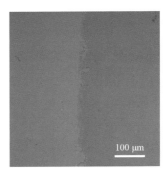

(a) SEM图像　　　　　　　　(b) 光学显微镜图像

图 4.3　转移至 SiO_2/Si 基底上的单层石墨烯膜

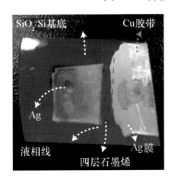
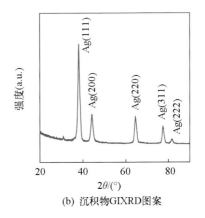

(a) 光学图像　　　　　　　　(b) 沉积物GIXRD图案

(c) LWIR图像　　　　　　　　(d) 沉积前后红外反射光谱曲线

图 4.5　四层石墨烯膜在可逆 Ag 电沉积三电极系统中电沉积 25 s 后的变化

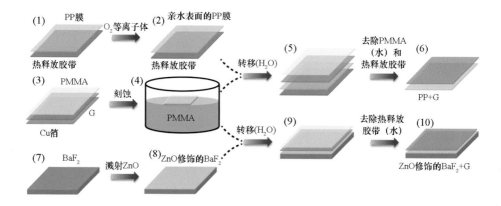

图 4.6 将石墨烯转移到表面改性的 PP 膜和 BaF_2 基底上的示意图

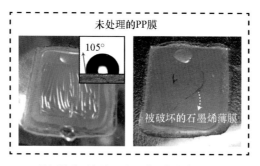

(a) PMMA/G 叠层转移至未处理的 PP 膜上并去除 PMMA 层后的图像

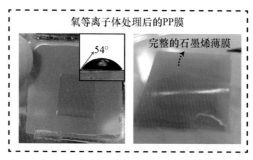

(b) PMMA/G 叠层转移至经氧等离子体处理后的 PP 膜上并去除 PMMA 层后的图像

图 4.7 PMMA/G 叠层转移至不同 PP 膜后的图像

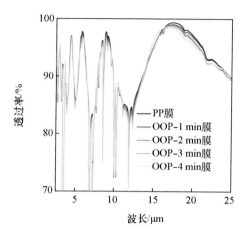

图 4.8　氧等离子体处理对 PP 膜红外透过率的影响

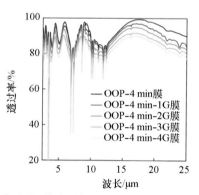
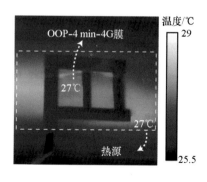

(a) 转移不同层数石墨烯后OPP-4 min膜的总红外透射光谱曲线　(b) OPP-4 min-4G膜在27.5℃下

图 4.9　转移不同层数石墨烯后 OPP 膜红外透明性变化

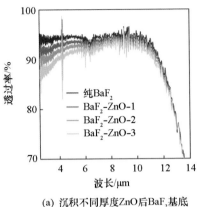
(a) 沉积不同厚度ZnO后BaF$_2$基底总红外透射光谱曲线

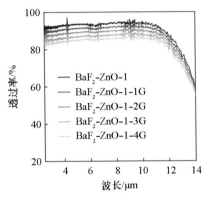
(b) 转移不同层数石墨烯后BaF$_2$-ZnO-1基底总红外透射光谱曲线

图 4.11 沉积 ZnO 后和转移石墨烯后 BaF$_2$ 基底的红外透明性变化

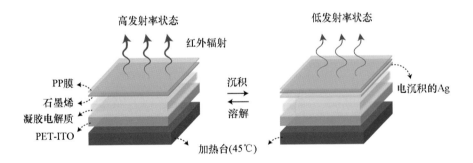

图 4.13 基于 G/PP 的器件电沉积前后的示意图

图 4.14 基于 G/PP 的器件电沉积 50 s 前后的图像

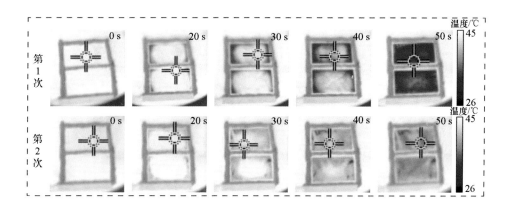

图 4.15　前 2 次电沉积过程中基于 G/PP 的器件的实时 LWIR 图像

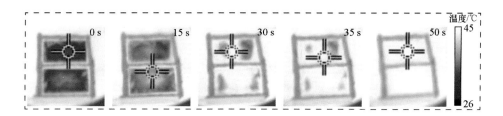

图 4.16　第 1 次溶解过程中基于 G/PP 的器件的实时 LWIR 图像

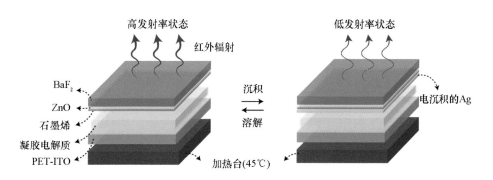

图 4.17　基于 G/BaF_2 的器件电沉积前后的示意图

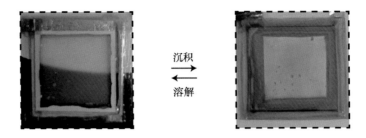

图 4.18 基于 G/BaF$_2$ 的器件电沉积 30 s 前后的图像

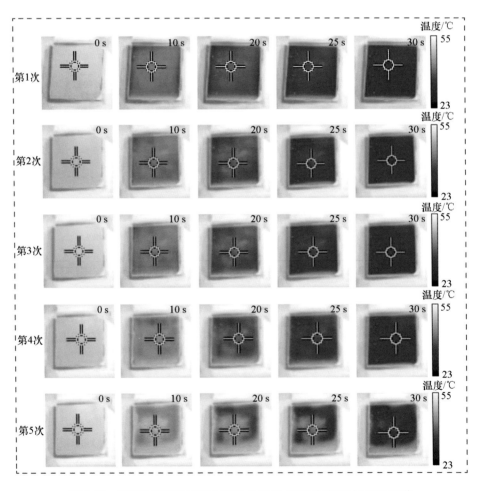

图 4.19 前 5 次电沉积过程中基于 G/BaF$_2$ 的器件的实时 LWIR 图像

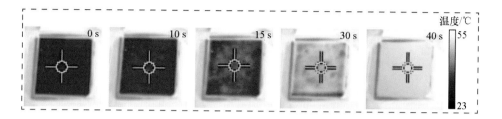

图 4.20　第 1 次溶解过程中基于 G/BaF_2 的器件的实时 LWIR 图像

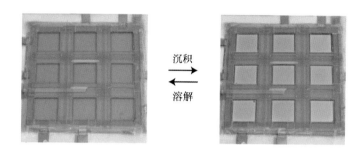

图 5.1　器件多像素化后 3×3 阵列

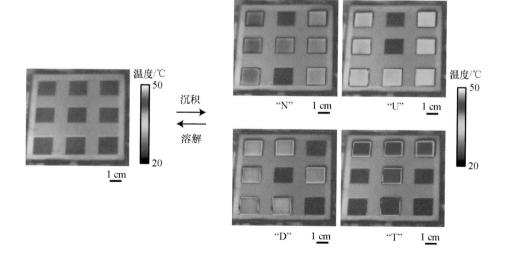

图 5.2　器件多像素化后动态 LWIR 图像

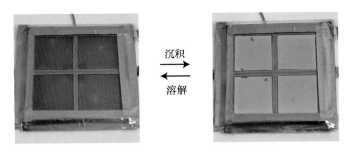

图 5.3 器件有效面积放大 4 倍后的图像

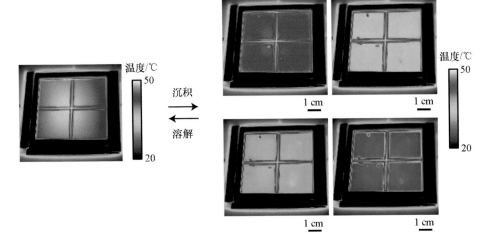

图 5.4 器件有效面积放大 4 倍后的动态 LWIR 图像

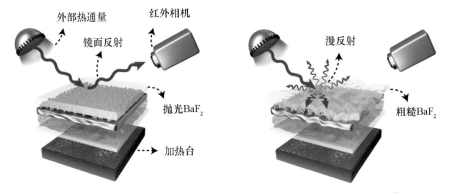

图 5.5 基于抛光 BaF_2 基底和基于粗糙 BaF_2 基底的器件红外反射示意图

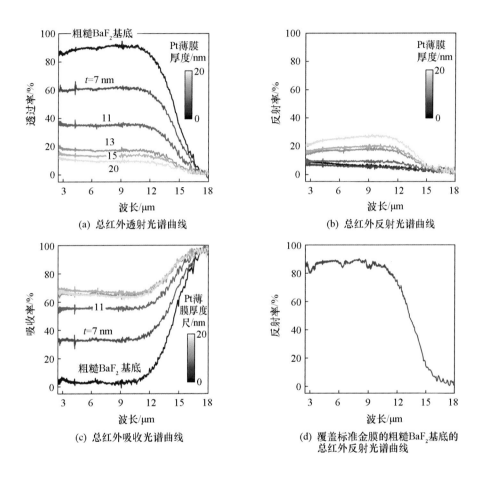

图 5.6 Pt/粗糙 BaF$_2$ 基底在红外波段的光谱响应

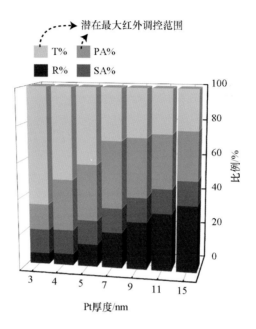

图 5.7　Pt/粗糙 BaF$_2$ 基底在 3~14 μm 波段范围内光谱响应百分比图

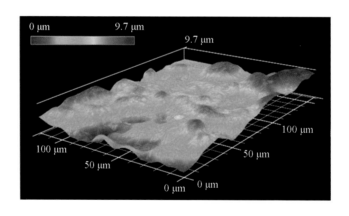

图 5.9　Pt/粗糙 BaF$_2$ 表面 3D 图像

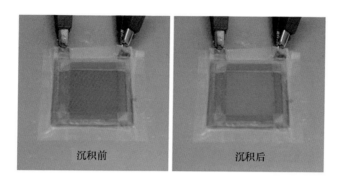

图 5.10 基于粗糙 BaF$_2$ 基底的可逆 Ag 电沉积器件在电沉积 20 s 前后的图像

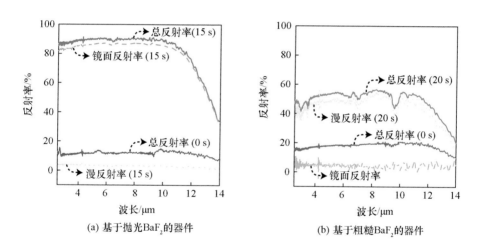

图 5.11 不同器件实时红外反射光谱曲线

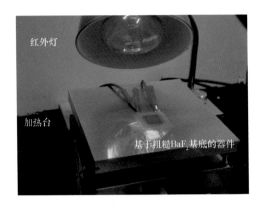

图 5.12　50℃ 外部热源下固定于加热板的基于粗糙 BaF$_2$ 的器件

图 5.13　基于抛光 BaF$_2$ 基底和基于粗糙 BaF$_2$ 基底的器件实时 LWIR 图像

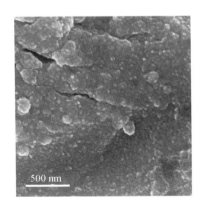

图 5.14　13 nm Pt/粗糙 BaF$_2$ 基底上电沉积 20 s 后 Ag 膜的表面形貌

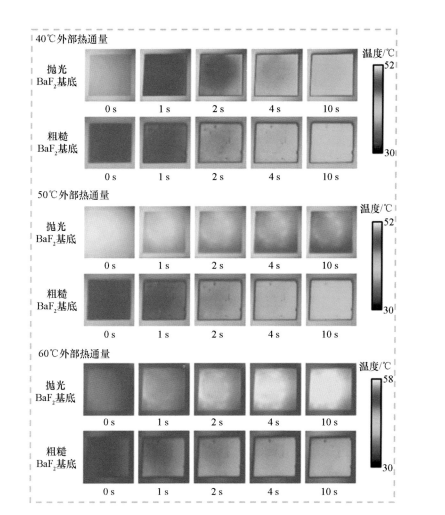

图 5.15 不同热通量下基于抛光 BaF_2 基底和基于粗糙 BaF_2 基底的器件实时 LWIR 图像

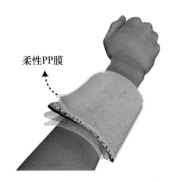

图 5.16 基于柔性 PP 膜的器件示意图

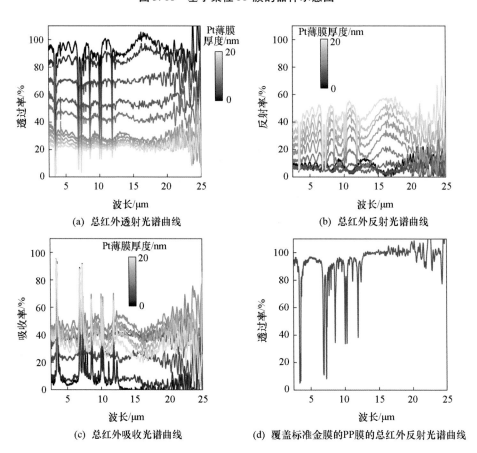

(a) 总红外透射光谱曲线

(b) 总红外反射光谱曲线

(c) 总红外吸收光谱曲线

(d) 覆盖标准金膜的PP膜的总红外反射光谱曲线

图 5.17 Pt/柔性 PP 膜在红外波段的光谱响应

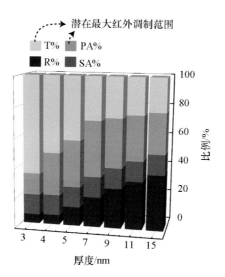

图5.18　Pt/柔性PP膜在3~14 μm波段范围内光谱响应百分比图

图5.20　基于柔性PP膜的可逆Ag电沉积器件电沉积后的图像

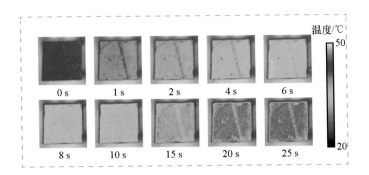

图 5.21 基于柔性 PP 膜的器件在电沉积过程中的实时 LWIR 图像

图 5.22 贴在马克杯表面基于柔性 PP 膜的器件

图 5.23 贴在马克杯表面基于柔性 PP 膜的器件在电沉积前后的 LWIR 图像

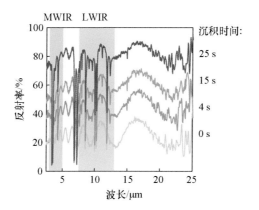

图 5.24 基于柔性 PP 膜的器件实时红外反射光谱曲线

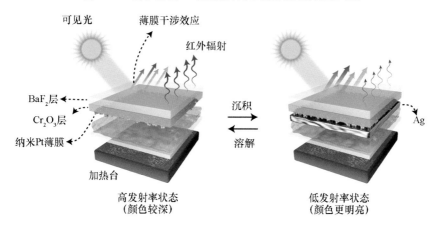

图 5.25 加入 Cr_2O_3 层的可逆 Ag 电沉积器件电沉积前后示意图

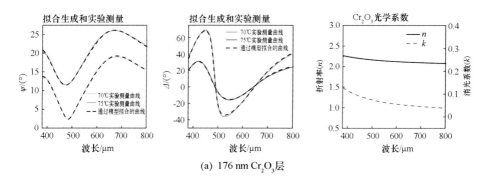

(a) 176 nm Cr_2O_3 层

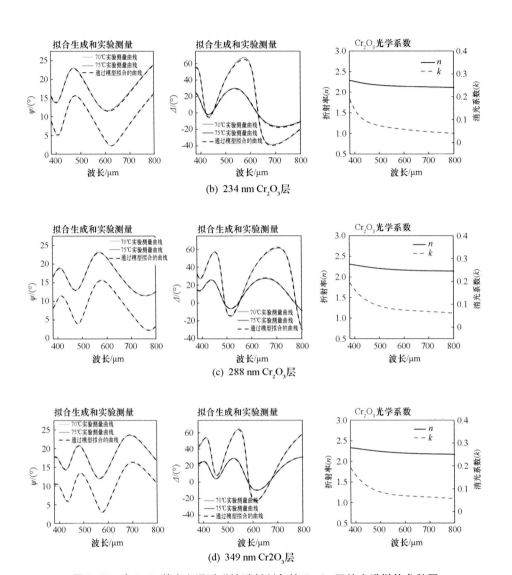

图 5.26 在 BaF_2 基底上通过磁控溅射制备的 Cr_2O_3 层的光谱椭偏参数图

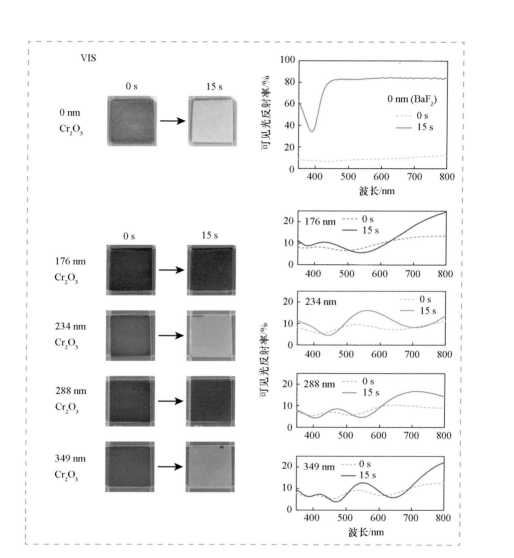

图 5.27 加入 Cr_2O_3 层的器件电沉积前后图像和实时可见光反射光谱曲线

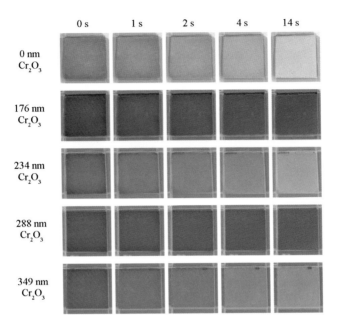

图 5.28 加入 Cr_2O_3 层的器件在电沉积过程中的实时图像

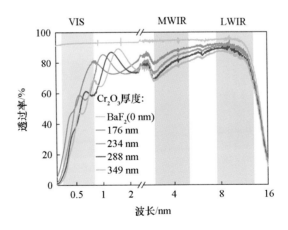

图 5.29 不同厚度 Cr_2O_3/BaF_2 基底在可见光至红外波段的总透射光谱曲线

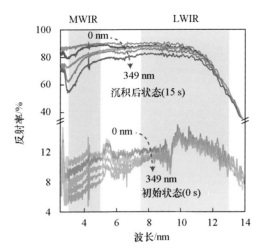

图 5.30 加入 Cr_2O_3 层的器件电沉积 15 s 前后实时红外反射光谱曲线

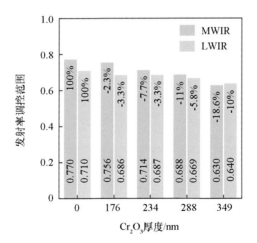

图 5.31 加入不同厚度 Cr_2O_3 层器件最大发射率可调范围对比图

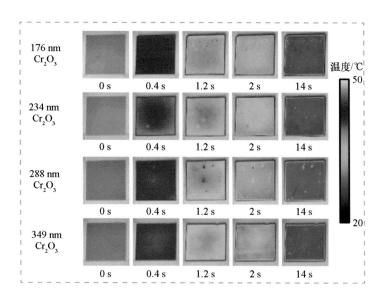

图 5.32 加入不同厚度 Cr_2O_3 层器件在电沉积过程中的实时 LWIR 图像